JI SUAN JI ZU ZHUANG YU WEI XIU

计算机组装与维修

职业教育计算机应用与软件技术专业教学用书

主 编 李锦标 刘桂扬

U0238015

华东师范大学出版社

上海

图书在版编目(CIP)数据

计算机组装与维修/李锦标主编. —上海:华东师范大学出版社,2012.7
中等职业学校教学用书
ISBN 978 - 7 - 5617 - 9690 - 0

Ⅰ.①计… Ⅱ.①李… Ⅲ.①电子计算机-组装-中等专业学校-教材②电子计算机-维修-中等专业学校-教材 Ⅳ.①TP30

中国版本图书馆 CIP 数据核字(2012)第 148508 号

计算机组装与维修

职业教育计算机应用与软件技术专业教学用书

主　　编　李锦标　刘桂扬
责任编辑　李　琴
审读编辑　刘琼琼
装帧设计　徐颖超

出版发行　华东师范大学出版社
社　　址　上海市中山北路 3663 号　邮编 200062
网　　址　www.ecnupress.com.cn
电　　话　021 - 60821666　行政传真 021 - 62572105
客服电话　021 - 62865537　门市(邮购)电话 021 - 62869887
地　　址　上海市中山北路 3663 号华东师范大学校内先锋路口
网　　店　http://hdsdcbs.tmall.com

印 刷 者　上海市崇明县裕安印刷厂
开　　本　787毫米×1092毫米　1/16
印　　张　16
字　　数　350千字
版　　次　2012 年 7 月第 1 版
印　　次　2024 年 8 月第 12 次
书　　号　ISBN 978-7-5617-9690-0
定　　价　25.00元

出 版 人　王　焰

(如发现本版图书有印订质量问题,请寄回本社客服中心调换或电话 021 - 62865537 联系)

本 书 编 委 会

出版说明

CHUBANSHUOMING

随着计算机技术的飞速发展，计算机已经走进人们的日常工作和生活中。计算机操作技能已经成为人们工作中必不可少的一项基本技能，因此，计算机软硬件的维修保养人员也成为了社会急需的技能型人才。为了满足社会和企业对该类技能型人才的需求，我们出版了这本《计算机组装与维修》教材。

本书面向职业技术学校计算机应用与软件技术专业学生，也可作为一般读者的自学参考书。

本书文字简练、图文并茂，并采用项目式教学方式，以当前流行的计算机配置为案例进行讲解，摆脱枯燥的理论教学方式，侧重实践操作，安排了大量动手操作的环节，使学生能够根据不同需求，独立选购、配置以及组装计算机，并能够进行日常维护和常见故障的排除。

本书总共有 12 个项目，介绍了计算机硬件的基础知识、选购技巧、安装与维护方法，以及计算机整机组装、软件安装与卸载、维护和排除常见故障的方法。由于本书动手操作的实践环节较强，为提高教学效果，还拍摄了各项目的操作视频免费赠送读者使用；同时，为了进一步巩固所学，在每一项目后安排了"课后巩固与强化训练"，督促学生复习所学的操作技能。

本书的操作视频、PPT、教案等相关教学资源，请至 www. shlzwh. com"教学资源"栏目，搜索"组装与维修"下载，或请与我社客服联系：service @ shlzwh. com，13671695658。

华东师范大学出版社

2012 年 7 月

前　言

党的二十大报告进一步凸显了教育、科技、人才在现代化建设全局中的战略定位，进一步彰显了党中央对于教育、科技、人才事业的高度重视。实现第二个百年奋斗目标，要求我们必须深入实施科教兴国战略、人才强国战略、创新驱动发展战略，在科技自立自强上取得更大进展，不断提升我国发展独立性、自主性、安全性，催生更多新技术新产业，不断塑造发展新动能新优势，以科技的主动赢得国家发展的主动。计算机的产生和发展极大地改变了人类文明的发展，不仅仅极大地提高了生产力，也使我们的学习、工作和生活更加便捷和丰富多彩。如今，计算机已经成为了我们日常生活中不可缺少的伙伴，拥有一定的计算机技能也成为了工作中不可或缺的基本技能之一。

本书坚持完全面向职业技术学校及企业需求，秉持与企业对职业技术学生的工作要求全面接轨的宗旨，注重培养学生的实践操作能力，以达到"学以致用"的教学目标。

与同类教材相比，本教材具体拥有以下特点：

● **权威特色**

本书由多年从事计算机组装与维修实践工作经验、教学经验的资深教师按照职业技术学校教学计划和企业对员工需求进行精心策划编写。

● **项目式教学，实践性强**

本书采用项目式教学，通过精心设计的任务使读者掌握并精通计算机组装与维修技能。本书的项目式教学方式摆脱了传统理论式教学"重理论、轻技能"的困境，侧重实践技能操作，鼓励学生不断进行练习和巩固。

● **内容经典**

全书从读者的接受角度出发安排内容，全书共分成十二个项目，覆盖了计算机组装与维修的基础知识与技能，具体内容包括：计算机组装基础知识、计算机主机部件、各种外部设备、计算机组装过程、系统安装、常用软件安装、日常维护与优化以及常见故障分析与解决的技巧。

● **增值服务丰富**

鉴于本课程实践性较强的特点，为了能够帮助读者更好地掌握实践技能和问题解决技巧，本书将其中重要的实践操作做成视频以供读者使用。读者也可以到野火科技 QQ（158984021）在线进行技术支持和讨论。

本书由李锦标、刘桂扬两位老师负责主要编写工作。本书特别适合作为职业技术学校计算机组装与维修的授课教材及计算机组装与维修的中级工考试辅导教材，也可作为从事计算机组装与维修的用户的自学参考书。

由于编者水平有限，难免有疏漏之处，敬请读者批评指正。

编　者

2023 年 12 月

目 录

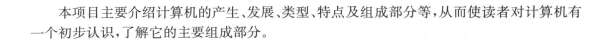

项目一 计算机组装基础知识

本项目主要介绍计算机的产生、发展、类型、特点及组成部分等,从而使读者对计算机有一个初步认识,了解它的主要组成部分。

『**本项目主要任务**』
    任务一 计算机的基础知识
    任务二 计算机的选购原则
    任务三 计算机组装的基本流程和原则

『**本项目学习目标**』
    ● 认识计算机的产生和发展
    ● 认识计算机的类型和区分
    ● 认识计算机的工作特点
    ● 认识计算机的组成部分

任务一 计算机的基础知识

自从 1946 年第一台电子数字计算机 ENIAC 问世,人类社会就开始进入了一个新的时代。计算机具有高速运算、运算精度高,能进行逻辑判断、记忆存储和自动执行命令等特点,从而使计算机在短短几十年中,就广泛地应用到军事、教育、科研、工业制造及设计等各个领域。如今,计算机已经成为我们最熟悉的"物件",如图 1-1 所示。

图 1-1 计算机

1. 计算机的产生和发展历程

计算机的问世是人类最伟大的成就之一,它使科学技术与生产力有机地结合,极大地推动了人类社会的发展。计算机经历过电子管时代、晶体管时代、小规模/大规模集成电路时代,现在已经进入超大规模集成电路时代,如图 1-2 所示的计算机发展历程。

第一代计算机(1946~1958 年)
1946 年美国宾夕法尼亚大学研制出世界上第一台计算机,名为 ENIAC(Electronic Numerical Integrater and Calculator,电子数字积分计算机)。其硬件采用电子管作基本逻辑电路元件,造成体积很庞大(重 30 吨,占地 150 平方米)、功耗高、可靠性差且价格昂贵;程序采用二进制式的机器语言编写,编写、修改都十分不便

第二代计算机(1959~1965 年)
第二代计算机即晶体管计算机,硬件采用晶体管作为基本逻辑电路,存储器使用磁带、磁芯,由于晶体管比第一代的电子管更加精细,因此,第二代比第一代体积小、功耗低、可靠性强;程序方面采用了新创立的高级程序语言编写,使得这一代计算机运算速度加快,同时也使之能应用到数据、事务的管理方面

第三代计算机(1965~1971 年)
第三代计算机,硬件采用集成电路,存储采用半导体存储器,使得计算机体积更小、运算更快、精度更高、可靠性更好;程序则采用更合理、结构性更强的高级语言编写,使之可以应用在普通工作和生活中

第四代计算机(1971 年至今)
第四代进入超大规模集成电路时代,硬件采用大规模/超大规模集成电路,存储采用半导体并加入虚拟能力,程序采用面向式高级语言编写。第四代开始计算机开始真正进入我们的生活中,应用越来越广泛

图 1-2　计算机的发展历程

2. 计算机的组成

当今计算机已经发展出很多类型，但其中以微型计算机使用得最广泛，它也称作个人计算机(PC)，本书内容针对的主要就是这类 PC 机。计算机一般是由硬件系统和软件系统两部分组成，这两个系统我们通常给予一个很恰当的比喻：硬件系统是计算机的"身体"，软件系统是计算机的"灵魂"。

（1）计算机的硬件系统

硬件系统是计算机的实体部件，也就是看得见、摸得着的部分，它主要包括主机部分和外部设备部分，如表 1-1 所示。

表 1-1　计算机硬件系统

硬件系统	主机系统	中央处理器(CPU)	
		内部存储(RAM)	
		I/O 接口设备(主板)	
	外部设备	外部存储设备	磁盘(软盘、硬盘)
			磁带
			光盘
			闪存(USB 盘)
			其他(手机、相机等)

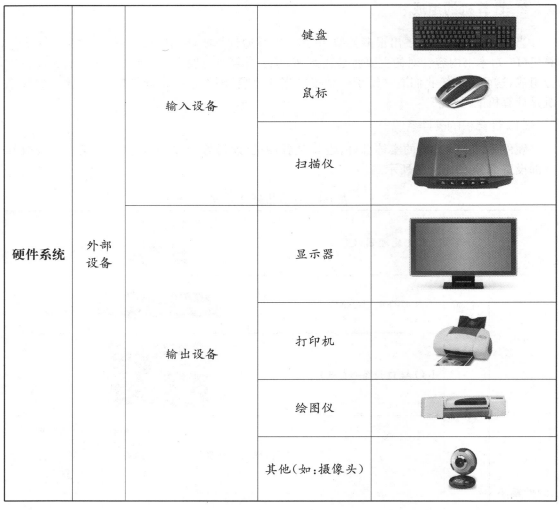

			键盘	
硬件系统	外部设备	输入设备	鼠标	
			扫描仪	
		输出设备	显示器	
			打印机	
			绘图仪	
			其他(如:摄像头)	

（2）计算机的软件系统

软件系统是安装在计算机里的各种程序和数据库,是用来驱动、控制、管理和维护计算机,使其能按照人们的要求执行各种操作,如表 1-2 所示。

表 1-2　计算机软件系统

软件系统	基本输入/输出系统(BIOS)	(BIOS CMOS SETUP UTILITY 界面图)

计算机组装与维修

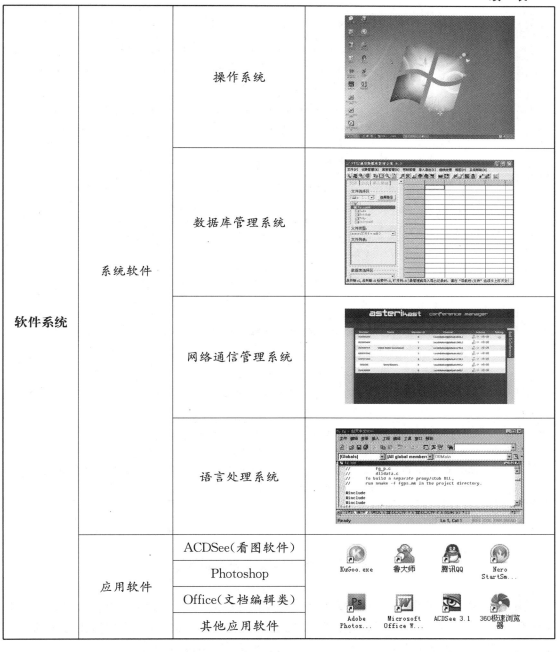

软件系统	系统软件	操作系统	
		数据库管理系统	
		网络通信管理系统	
		语言处理系统	
	应用软件	ACDSee（看图软件）	
		Photoshop	
		Office（文档编辑类）	
		其他应用软件	

总结：从上述两表可以看出，"硬件"是计算机的"实体"，乘载着所有"软件"，软件是计算机的"虚体"，驱使着所有"硬件"动作。那么，一部完整的计算机就必须具备"硬件"和"软件"，才能发挥出各种功能。

3. 计算机的分类

根据计算机的应用领域、体积、容量、硬件等方面来划分类型，如表1-3所示。

表 1-3　计算机类型

序号	名称	内　　容
(1)	小型计算机 (Minicomputer)	一般为中小型企业、部门使用,例如,高等学校、学院的计算机中心都以一台小型机作主机,再配以几十台终端机,以满足局部网络管理或部门数据处理
(2)	大型主机 (Mainframe)	一般为大中型企业、单位使用,例如,中国银行、中国平安等使用的计算机中心,就是配备众多终端、外部设备的大型主机,它们价格昂贵、运算速度快、稳定性高,可以满足多种服务需要、远程管理和多种数据处理
(3)	巨型计算机 (Super Computer)	只有国防、尖端科学研究领域使用,例如,中国航天局、中国科学院所使用的计算机中心,就是配备众多高级外部设备的超级计算机,也是当今最高科技的代表,所管理的都是国防安全、战略控制、高科技研究等,而它们的重要性与价值都不能以价格来衡量
(4)	工作站 (Workstation)	一般为小企业、部门或中转站使用,但它们主要是专用型计算机,一般设定只进行某种专业性处理、运作,例如,图像处理、计算机辅助设计(CAD),或者专业性网站所使用的计算机、主机,都是专门用来处理类型比较单一的数据,即专业性很强
(5)	小巨型计算机 (Mini-supercomputer)	由于科技的发展、纳米技术的应用,使得计算机体型进一步缩小,小巨型计算机从而产生,同时有可能成为巨型计算机的代替品,也就说它们具有巨型计算机的特点,而且体积更小、价格方面也相对较低
(6)	个人计算机 (Personal Computer)	个人计算机,简称PC,是为大众使用而设计的,价格、体积、性能都为大众所容易接纳,例如,我们自己家里的计算机、小商店里的刷卡机,办公室用的计算机等,可以说个人计算机(PC)在现代生活中无处不在

任务二　计算机的选购原则

当今,计算机的价格还不算低廉,但是它应用范围却很广泛,在我们的生活中是不可缺少的帮手,因此,选择适合自己使用的计算机是相当慎重的事情。那么,如何能选购到一台自己既喜欢又适用的计算机呢? 根据市面上的各种需求归纳如下几个原则:

1. 品牌机的原则

品牌机是由计算机公司组装,带有明确品牌标识的计算机,而且经过严格兼容性测试,才对外销售的。品牌机有质量保证,售后服务齐全、完善。因此,选购品牌机,一般不用考虑硬件的搭配及兼容性的问题,只需外观合适、性能、价格满足要求即可。市面上知名的品牌有:联想(Lenovo)、惠普(HP)、戴尔(DELL)、苹果(Apple)、方正(Founder)、明基(BENQ)、海尔(Haier)、神舟(HASEE)、宏基(Acer)等。

2. 组装机的原则

组装机是由自己选购计算机配件组装计算机，也就是我们经常说的 DIY。计算机配件一般包括 CPU、主板、内存、显卡、硬盘、光驱、机箱、电源、键盘鼠标、显示器等，这些配件在市面上的类型品牌都很多，我们可以自由选择搭配，且货比多家、价格便宜。DIY 方式主要考虑的是：价格优惠、性能高、兼容性强、符合使用要求。

3. 花钱的原则

花钱的原则是指根据自己的实际经济情况来购买计算机，即从实用方面考虑，以实际可支出金额作限额选购。如：学生用的是父母的钱，无实际经济能力，则不能盲目追求潮流，应以学习方面适用为准则；但如果是经济富裕的或是关系到专业使用方面的，则在实用的基础上适当加大"投入"，选购个性化、专业性、高性能的计算机。

4. 准备、整理、审查的原则

计算机配件众多，品牌型号更是多如牛毛，购买前要做准备，如：从网上、杂志中查找行情、配置、型号、价格，在市场上走访验证行情、真实价格，最后整理配置、价格、型号，得出自己所需的计算机购置单。购买时根据自己的配置单"货比多家"，认真审查性价比。购买后要注意一些细节，如：确认售后服务的方式、期限，索取硬件配置清单、发票以及售后服务跟踪明细表，最后整理、收好保修凭据、产品防伪标识。

任务三　计算机组装的基本流程和原则

计算机是精密的设备，组装时一定要细心、有步骤、有原则，否则花了不少钱买回来，却因不注意细节、步骤，组装时出现问题就得不偿失了。

1. 组装计算机的基本流程图

组装计算机是很繁琐的工作，因此，要制定一个最有效率的流程，如图 1-3 所示。

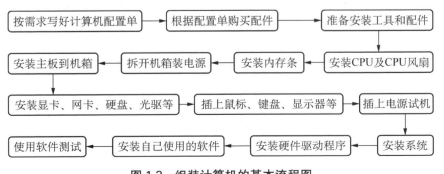

图 1-3　组装计算机的基本流程图

2. 组装计算机的原则

① 准备工作要周全，如：配置单中要按照自己的需求列清配件。

② 安装时要分清步骤，如：先将 CPU 安装在主板上，否则，若先安装主板再安装 CPU 就容易碰损 CPU。

③ 安装时要细心、认真，因为电子产品都很精密，稍微碰撞都会损坏。

④ 安装完成后，要进行测试，这是为了确认安装的计算机是否成功和稳定。

课后巩固与强化训练

任务一：观察一台计算机，如：家用计算机或办公计算机，用纸笔写出该计算机的硬件和软件的名称，从而加深对计算机组成部分的认识。

任务二：参照计算机组成部分，自己设计一台组装机，即自己写一份计算机配置单，可以从网上查找硬件的型号、价格和性能等信息。

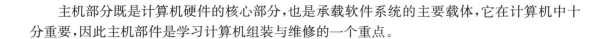

项目二　计算机主机部件

主机部分既是计算机硬件的核心部分,也是承载软件系统的主要载体,它在计算机中十分重要,因此主机部件是学习计算机组装与维修的一个重点。

『本项目主要任务』

任务一　认识与安装 CPU

任务二　认识与安装内存

任务三　认识与安装主板

『本项目学习目标』

● 认识 CPU 的功能、类型、参数、指标和维护方法

● 认识内存的功能、类型、参数、指标和维护方法

● 认识主板的功能、类型、参数、指标和维护方法

『本项目相关视频』

　视 频	视频文件	CPU 安装. wmv、内存安装. wmv

任务一　认识与安装 CPU

CPU (Central Processing Unit)中央处理器,是计算机的主控部分,相当于计算机的"大脑",控制着计算机的大部分运作,如图 2-1 所示。

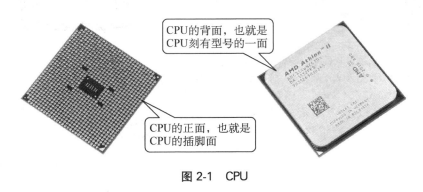

图 2-1　CPU

1. CPU 的作用与插槽类型

认识 CPU 就要从它的功能和类型开始：

（1）CPU 的功能

CPU 为什么可以称作计算机的"大脑"呢？主要是因为它的功能，如表 2-1 所示。

表 2-1　CPU 的功能

（1）担负整个计算机的绝大部分运算处理任务，如：加、减、乘、除的运算，写入、写出数据的处理等
（2）指挥和协调系统各硬件的正常运行，如：发出指令让显卡协调变色、让硬盘读出数据等
（3）CPU 的性能很大程度决定了计算机的执行效率。如：双核 CPU 的出现，能大大地提高计算机的运行效率，使计算机应用 64 位的平台，使速度更快、精度更高，而且相对于以前的单核 CPU 计算机，是一个双倍效率的飞跃

（2）CPU 的插槽类型（即针脚类型）

CPU 要通过某个接口与主板连接才能起作用，而这个接口，我们通常称作插槽。目前，从主流产品来看，CPU 分为 Intel 系列和 AMD 系列，CPU 的插槽类型也相应分为 Intel 系列和 AMD 系列，如表 2-2 所示。

表 2-2　CPU 的插槽类型

Intel 系列	AMD 系列
如：LGA775、LGA1155、LGA1156、LGA1366、LGA2011 等	如：Socket AM2、Socket AM2＋、Socket AM3、Socket AM3＋、Socket FM1 等
Intel 的 LGA1156 插槽	AMD 的 Socket FM1 插槽
LGA1156（LAND GRID ARRAY）是 Intel64 位平台的封装方式，触点阵列封装，用来取代老式的 LGA775（Socket T）接口，也叫做 Socket H。LGA1156 意思是采用 1156 针的 CPU，而对应的 CPU 插槽必然是 LGA1156 插槽	Socket FM1 是 AMD 公司于 2011 年 6 月所发表的、研发代号为"Llano"的新处理器所用的桌上型计算机 CPU 插槽。它对应的 AMD 的 CPU 针脚是 905 个。Socket AM2 对应的则是 940 个针脚

> 总结：目前，CPU 的主要生产商是 Intel 和 AMD 两家公司，Intel 将 CPU 规范为以 LGA 作开头，针脚数为结尾的系列，而 AMD 将 CPU 规范为以 Socket 作开头，字母类型为结尾的系列。其实，现在的 CPU 已经发展到双核、三核、四核，集成程度越高，针脚数相应增多。因此，后面数字越大，针脚数越多，插槽类型就对应有越多的针脚孔，不可与其他针脚的 CPU 通用

2. CPU 的性能指标

现在的 CPU 已经是双核或多核，而它的性能指标到底有哪些？

CPU 的主要性能指标如表 2-3 所示。

表 2-3　CPU 的主要性能指标

(1) 主频

　　主频指的是 CPU 的时钟频率，简单地说是 CPU 的工作频率，单位是 Hz(赫兹)。通常主频越高，CPU 的运算速度就越快。但这种情况不是绝对的，由于主频＝外频×倍频，改变外频或倍频都会改变主频

(2) 外频

　　外频等同于 CPU 与电脑的其他部件(主要是主板)之间同步运行的速度，是 CPU 的基准频率，单位是 Hz(赫兹)。外频的意义是：计算机系统中大多数的频率都是在外频的基础上，乘以一定的倍数来实现的。外频越大，CPU 的处理能力就越强

(3) 倍频

　　CPU 的主频与外频之间的比值称作倍频，全称是倍频系数。从理论上看，在外频不变时，增大倍频就可以提高 CPU 的工作频率(主频)，从而提高 CPU 的运算速度

(4) 前端总线(FSB, Front Side Bus)

　　前端总线指的是 CPU 与主板北桥芯片或内存控制器之间的数据通道，也是 CPU 与外界交换数据的主要通道。CPU 与主板北桥芯片之间的传输速度，称作前端总线频率，这个频率的高低直接影响 CPU 与内存之间的数据交换速度，因此它越大，CPU 的性能就越强

(5) 高级缓存

　　高级缓存指内置在 CPU 内部的一种临时存储器，为 CPU 和内存之间提供一个数据缓冲区，其读写速度比内存快，因此，CPU 读取数据时，先从高级缓存中读取，然后才到内存中读取。CPU 的高级缓存主要有以下三种：

　　① 一级缓存(L1 Cache)：主要用于暂存操作指令和数据。它对 CPU 的性能影响较大，其容量越大，CPU 的性能越高。

　　② 二级缓存(L2 Cache)：主要用于存放 CPU 处理时需要用到但一级缓存又不能存储的数据，包括操作指令、程序数据和地址指针等。它对 CPU 的性能影响也很大。

　　③ 三级缓存(L3 Cache)：是为了读取二级缓存未命中的数据设计的一种缓存。

　　在拥有三级缓存的 CPU 中，只有约 5% 的数据需要从内存中调用，这进一步提高了 CPU 的效率，目前只有高端的 CPU 才带有三级缓存，如：Intel Core i7 系列和 AMD Phenom Ⅱ X4 系列等

（6）工作电压

　　工作电压指的就是 CPU 正常工作所需的电压。如果 CPU 的工作电压保持低电压下运行，可以解决耗电过多和发热过高的问题，这对于笔记本电脑尤其重要

（7）制造工艺

　　CPU 制造工艺又叫做 CPU 制程，它是衡量 CPU 品质的一个重要指标，它的先进与否决定了 CPU 的性能优劣，单位是 μm（微米）或 nm（纳米）表示。目前的 CPU 都能达到 $0.13\,\mu m$ 以下，这个数值越小，制造工艺就越先进，CPU 可达到的性能越高

Intel 酷睿 i3 530（双核）
主频：2.93 GHz，外频：133 MHz，倍频：22 X
高级缓存：L1 Cache＝2×64 K，L2 Cache＝2×256 K，L3 Cache＝4 M
前端总线频率：2.5 GT/s
工作电压：1.4 V，制造工艺：32 nm（纳米）

AMD 速龙Ⅱ X2 250（双核）
主频：3.6 GHz，外频：200 MHz，倍频：15 X
高级缓存：L1 Cache＝2×128 K，L2 Cache＝2×1 M
前端总线频率：2000 MHz
工作电压：1.3 V，制造工艺：45 nm（纳米）

　　总结：从上述两款 CPU 的性能指标参数来看，就可比较出优劣，明显 Intel 酷睿 i3 530（双核）比 AMD 速龙Ⅱ X2 250（双核）的性能强很多，在高级缓存、制造工艺和前端总线方面占有绝对优势，而这三者刚好是 CPU 的性能的决定因素，但其价格也远高于后者

3. 常见的主流 CPU 与选购

　　CPU 是计算机的运作核心，选购时一定要谨慎。

（1）常见的主流 CPU

　　目前，CPU 在市场上的主要生产商是 Intel 和 AMD 两家公司，他们在市面上普遍推出的 CPU 系列如：Intel 的酷睿 2（Core2）系列和 Core i 系列，AMD 的速龙 2（AthlonⅡ）系列和羿龙 2（PhenomⅡ）系列，如图 2-2 所示。

图 2-2　CPU 系列

(2) 如何选购 CPU

选购好的 CPU 其实就是看 CPU 性能，下面介绍几种实用的方法：

① 根据用户类型选择。

个人或家庭用户：主要用于学习、上网、看电影、多媒体娱乐、文字处理和图片图像处理等，这类功能对于 CPU 的要求有点高，一般选择中档次或以上的 CPU，如：Intel Core 2 Duo、Core i3 或 i5 系列等，或者 AMD 的 AthlonⅡ X2 或 X3 系列等。

普通办公用户：主要用于办公、文字处理、文件处理等，这些功能对 CPU 的要求不高，可选用中档次或以下的 CPU，如：Intel Core 2 Duo 系列、Intel Pentium 系列等，或者 AMD 的 AthlonⅡ x2 系列等。

专业设计或游戏爱好用户：主要用于工程绘图、游戏设计、广告处理和特效制作等，这些功能对 CPU 的要求相当高，一般以选用高档产品为主，如：Intel Core i5、i7 系列等，或者 AMD 的 AthlonⅡ x4 系列等。

② 选择高性价比的产品。用较低的价格买到性能高的 CPU 都是我们所希望的，在同等价格中，Intel 的 CPU 性能不如 AMD，但稳定性比 AMD 强，这个要看用户自己更看重哪一方面。

③ 根据 CPU 的性能参数选择。市场上任何正规的 CPU，都会列出性能参数给用户参考选择，如：CPU 的主频、外频、前端总线和制造工艺等，这些在前面关于 CPU 的性能参数有详细的讲解，读者可以根据各性能指标思量后选择。

④ 看销售服务和品质保证。CPU 的销售有散装和盒装之分，散装的不配带风扇，售后服务保证较差；而盒装的自带风扇，售后服务完善。但两者的 CPU 性能没有多大区别，而且价格也相差不多，盒装的会稍贵一点，不过还是建议选择盒装。

⑤ 验明 CPU 的“身份”。有些商家会将散装、不对版的 CPU 放到整盒装里充当高性能产品，不过可以通过下面两种方法“验明身份”。

第一种：通过拨打 800 免费服务电话查询 CPU 背面金属盖上的产品序列号，即可辨别真伪，如图 2-3 所示。

第二种：通软件查看 CPU 的性能参数，与商家提供的参数对比，如：通过鲁大师软件查看 CPU 的性能参数，如图 2-4 所示。

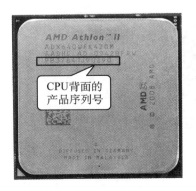

AMD Athlon™ II
CPU背面的
产品序列号
DIFFUSED IN GERMANY
MADE IN MALAYSIA

图 2-3 查询 CPU 序列号

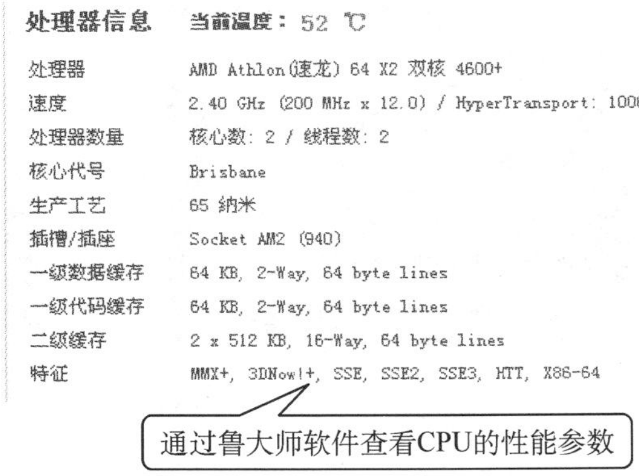

处理器信息 当前温度： 52 ℃
处理器 AMD Athlon(速龙) 64 X2 双核 4600+
速度 2.40 GHz (200 MHz x 12.0) / HyperTransport: 1000 MHz
处理器数量 核心数: 2 / 线程数: 2
核心代号 Brisbane
生产工艺 65 纳米
插槽/插座 Socket AM2 (940)
一级数据缓存 64 KB, 2-Way, 64 byte lines
一级代码缓存 64 KB, 2-Way, 64 byte lines
二级缓存 2 x 512 KB, 16-Way, 64 byte lines
特征 MMX+, 3DNow!+, SSE, SSE2, SSE3, HTT, X86-64
通过鲁大师软件查看CPU的性能参数

图 2-4 软件查看 CPU 性能参数

提醒：上面两张图都是以 AMD 的 CPU 为例，而 Intel 类型的 CPU 辨别真伪的方法也一样。

4. CPU 的安装与日常维护

CPU 是精细部件，安装时要十分细心，否则很容易碰坏。因此，CPU 的安装与维护需要严格按照步骤操作才能完成，下面将介绍这方面的内容。

（1）CPU 的安装

 操作步骤

步骤 1　拉起 CPU 插座上的拉杆，大概成 90°角，如图 2-5 所示。

图 2-5　拉起拉杆

图 2-6　揭起 CPU 的槽盖

步骤 2　同样，揭起 CPU 插座的槽盖，约成 90°角，如图 2-6 所示。

步骤 3　将 CPU 对准缺针部分插入，如图 2-7 所示。

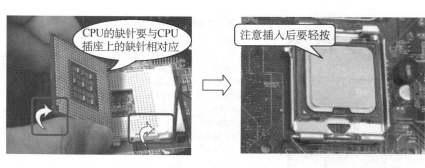

图 2-7　插入 CPU

步骤 4　关上座盖，把拉杆拉回，锁住 CPU，并在 CPU 的核心上涂上一层均匀的散热膏，如图 2-8 所示。

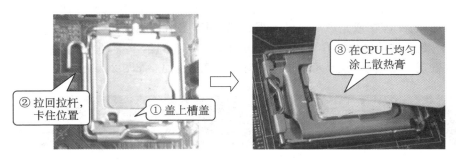

图 2-8　锁定 CPU 并涂膏

步骤 5　将 CPU 风扇对准主板的四孔插入，如图 2-9 所示。

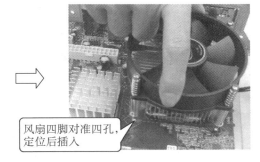

图 2-9　安装 CPU 风扇

> 提醒：一般购买盒装正版的 CPU，都带有 CPU 风扇，它们是配套的，因此，安装 CPU 时也要将 CPU 风扇安装好。

步骤 6　对准支撑板四孔插入，拧紧螺丝钉，锁上 CPU 风扇，如图 2-10 所示。

图 2-10　拧紧螺丝　　　　　图 2-11　插上电源线

步骤 7　将风扇的电源线插到主板 3 针插座上，CPU 安装完成，如图 2-11 所示。

（2）CPU 的日常维护

CPU 的日常维护以散热为主，下面介绍它的维护小方法：

① 注意平时灰尘的清理，如：CPU 风扇和散热片的灰尘，一般需要 2 个月清理一次。

② 注意 CPU 风扇的运转情况，如果发现有噪音出现，这时候就要特别留意了，可能风扇出现问题，如：有干涉物或是风扇已经磨损，这时则需要清理或更换。

③ 使用专业软件（鲁大师、Waterfall pro 和 CPU 降温圣手等）监控和优化 CPU 的温度情况，如果发现异常情况，就要考虑更换散热膏或者风扇了，如图 2-12 所示。

图 2-12　监控软件鲁大师

④ 不轻易对 CPU 超频，如果超频了，就要多注意散热情况，比如加设散热装置。

任务二　认识与安装内存

内存是计算机的关键硬件之一，它主要用于储存和交换正在运行的程序和数据，其性能会直接影响计算机的运行速度，如图 2-13 所示。

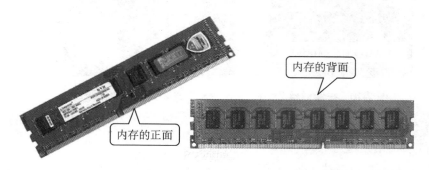

图 2-13　内存

1. 内存的作用与种类

认识内存就要从它的作用和种类开始认识。

(1) 内存的作用

内存为什么是计算机的关键硬件之一？主要是因为它的作用，如表 2-4 所示。

表 2-4 内存的作用

(1) 储存和交换正在运行的程序和数据	(2) 充当计算机数据运作的缓冲区
(3) 对计算机起到暂存记忆的作用(如读取数据)	(4) 提高 CPU 寻址运作的速度(一般先在内存寻找)

(2) 内存的种类

早期的内存类型是 SDRAM 和 DDR 一代，后期因 DDR 成本低和性能好，使其成为市场发展的主流，随着时间的推进，DDR 已经进入第二代、第三代和第四代，目前市面上，常见的内存主要是 DDR2(二代)和 DDR3(三代)两种，如表 2-5 所示。

表 2-5 内存的种类

(1) DDR2 (Double Data Rate 2)内存	(2) DDR3 (Double Data Rate 3)内存
采用与 DDR 一代相同的数据传输模式，即在时钟的上升或下降的同时进行数据传输。但 DDR2 能在每个时钟内存取 4 次数据，是 DDR 一代的 2 倍存取速率	在 DDR2 的基础上更新的一代，它的数据读取能力是 DDR2 的 2 倍，速度更快，效率更高。它具备 DDR2 的所有性能，而且更出色
DDR2 533、DDR2 667、DDR2 800、DDR2 1066 等	DDR3 1066、DDR3 1333 和 DDR3 1600 等
总结：主流的内存条是 DDR，而 DDR 后面的数字就代表第几代和工作频率，从上述两者比较可以看出每更新一代，它的速度和效率都会相应提高很多	

2. 内存的性能指标

内存的性能指标是内存性能的直接反映，在选购时，需要多关注性能指标，如表 2-6 所示。

表 2-6 内存的性能指标

(1) 存储容量 　　通常说的 1 GB、2 GB 的内存，就是指内存的容量。内存容量的大小直接影响着计算机的整体性能。一般内存容量越大，计算机的执行效率就越快。目前常见的容量有 1 GB、2 GB、4 GB

（2）总线频率 　　通常说的 DDR2 800、DDR3 1066 的内存中,提到的数字 800 和 1066 就是内存的总线频率,单位是 MHz。它是内存的主要性能指标之一,同时也关系到与主板的前端总线搭配
（3）存储速度 　　指内存存取一次数据所需的时间,单位是 ns(纳秒)。这个数值越小,表示内存的速度越快,常见的 DDR 内存的速度可达到 5 ns,而 DDR2 和 DDR3 都在 3 ns 左右
（4）CL 即 CAS(Column Address Strobe,列地址控制器)延迟 　　CL 是 CAS 的缩写,指从读命令有效开始,到输出端可以提供数据为止的时间
金士顿 DDR3 1600 4 G 骇客神条 存储容量:4 G,总线频率:1600 存储速度:3 ns,CAS 延迟:CL＝9 
海盗船 DDR3 2000 8 GB 套装 存储容量:8 G,总线频率:2000 存储速度:3 ns 以下,CAS 延迟:CL＝9－10－7－27 
总结:综上所述,只要对照内存的 4 个性能指标参数就可以判别出优劣,明显海盗船 DDR3 2000 8 GB 套装性能高于金士顿 DDR3 1600 4 G 骇客神条,但其价格也是后者的六倍

3. 常见内存品牌与选购

　　内存的品牌繁多,想选购一款优质的内存,就要了解它的一些品牌和选购技巧,下面将为读者逐一介绍。

　　（1）内存的品牌

　　目前,内存在市场上的常见品牌有宇瞻（Apacer）、威刚（A-Data）、金邦（Geil）、金士顿（Kingston）、现代海力士（Hynix）、三星（Samsung）、胜创（Kingmax）、海盗船（Corsair）、创建（Transcend）、英飞凌（Infineon）等。

　　（2）内存的选购

　　① 选择品牌产品。参照上面列出的品牌选购自己喜欢的内存。目前内存生产商的技术都相当成熟,同档次产品区别不大,一般只要买到真货的品牌就可以。

　　② 查看内存的用料和做工,这个包括 PCB 板的质量、金手指的工艺、内存颗粒的品质、焊接工艺等,如表 2-7 所示。

表 2-7　内存的用料和做工

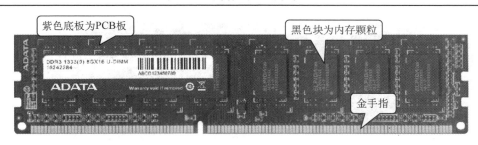

（1）PCB 板的质量 　　PCB 板指承载内存电路板的底板或基板。好的 PCB 板厚度均匀，做工精细，边缘平滑没有毛刺，而且用料十足有分量
（2）金手指工艺 　　金手指是指内存的金色脚边部分。目前主流的内存大多数都采用镀锡工艺，而高档次的内存则选镀金工艺
（3）内存颗粒的品质 　　黑色块部分就是内存颗粒。采用品牌的内存颗粒才有质量保证，因为品牌产品选料严格、检测标准化，成本投入高，而且一般都有很好的服务保证。著名的内存颗粒制造商有现代海力士（Hynix）、三星（Samsung）、海盗船（Corsair）、英飞凌（Infineon）等
（4）焊接工艺 　　焊接工艺的好坏可以反映出内存生产商的素质和技术含量。好的焊接工艺是焊接点圆润饱满，而且均匀有序，没假焊

　　提醒：现在有些内存条还加入了散热设计，这个是高端玩家所需要的产品，但随着内存的速率不断提升，热量越大，那么带散热式设计的内存将来会很流行。

4. 内存的安装与日常维护

　　购买到内存后，要懂得安装和维护。

　　（1）内存的安装

 操作步骤

步骤1　查看内存缺口部分（与主板的内存槽位凸出部分或卡位一一对应），如图 2-14 所示。

图 2-14　查看内存的缺口部分

步骤 2　对准槽位，安装内存条，如图 2-15 所示。

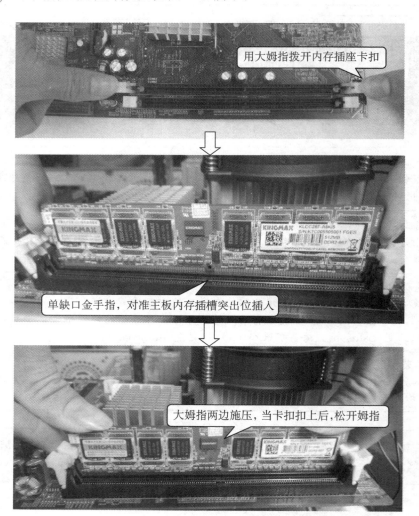

用大姆指拨开内存插座卡扣

单缺口金手指，对准主板内存插槽突出位插入

大姆指两边施压，当卡扣扣上后，松开姆指

图 2-15　安装内存条到主板上

（2）内存的日常维护

内存的日常维护很简单，下面只作简略的描述。

 操作步骤

步骤 1　准备橡皮、棉花、毛刷和无水酒精，并关掉计算机电源。

步骤 2　同内存的安装方法相反，拆出内存。

步骤 3　先用毛刷轻轻扫去内存身上的尘粒，再用橡皮轻擦内存的金手指，目的是清除金手指氧化的部分。

步骤 4　用棉花沾酒精在内存身上轻刷两次，作最后清洁。

步骤 5　安装内存到主板上，开机检测，如果没问题就安装成功，如有问题就是没插好或内存损坏，那请重装几次以证实。

任务三　认识与安装主板

主板是计算机的核心组件之一，它是计算机所有配件的载体，相当于是计算机的"身体"。它担负着 CPU、显卡、内存、硬盘和光驱等计算机硬件连接的"中间人"，并使这些配件之间能配合地"工作"，如图 2-16 所示。

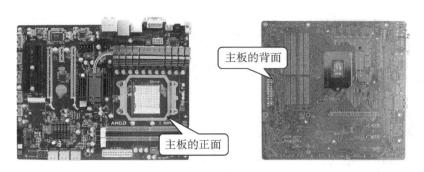

主板的背面

主板的正面

图 2-16　主板

1. 主板的作用与种类

认识主板就要从它的作用和类型开始认识。

（1）主板的作用

主板为什么是计算机的核心组件之一？主要是因为它的作用，如表 2-8 所示。

表 2-8　主板的作用

（1）充当计算机配件的载体	（2）是各计算机配件连接的桥梁
（3）组织各计算机配件配合运作	（4）提高计算机整体性能的发挥

（2）主板的种类

随着技术的发展，主板已经更新了很多代。目前根据结构来划分，主板可以分为 ATX 主板、MicroATX 主板和 BTX 主板，如表 2-9 所示。

表 2-9　主板的分类

ATX 主板	MicroATX 主板	BTX 主板

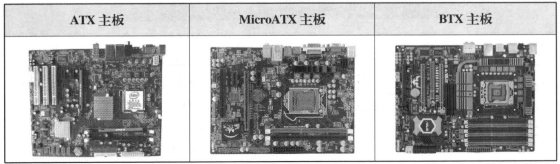

计算机组装与维修

ATX 主板	MicroATX 主板	BTX 主板
ATX 主板是 Intel 针对早期的 AT 主板和 Baby AT 的缺点改进的新一代主板,它在插槽、电源管理、可扩充性和兼容性等方面作了很大的改进,是目前常见主板之一	MicroATX 是在 ATX 原有的基础上建立的,是 ATX 主板的简化版,相当于 ATX 主板的缩小版,它缩减了 PCI 和 DIMM 等扩展插槽的数量,因此尺寸小而集成度高	BTX 是 Intel 定义并引导的桌面计算平台新规范,因此 BTX 主板是在 ATX 主板基础上更新的一代。BTX 主板的布局、散热、线路、性能和电源管理都比 ATX 高出一筹
总结:只要根据布局、性能、尺寸方面就可以区分主板的类型,而 BTX 主板是目前新一代主板的标准		

2. 主板的结构

主板的种类很多,但结构都是大同小异,如表 2-10 所示。

表 2-10　主板的结构

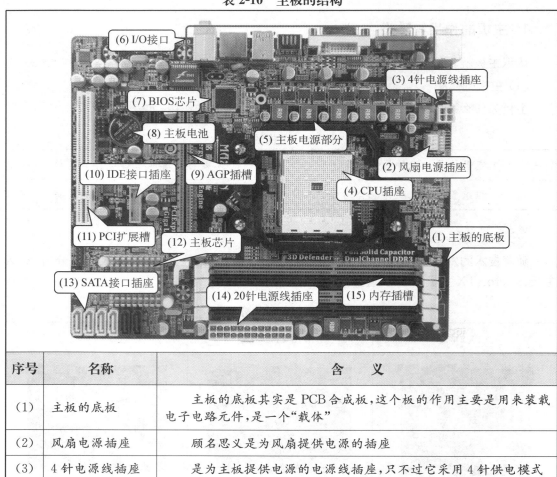

序号	名称	含　义
(1)	主板的底板	主板的底板其实是 PCB 合成板,这个板的作用主要是用来装载电子电路元件,是一个"载体"
(2)	风扇电源插座	顾名思义是为风扇提供电源的插座
(3)	4 针电源线插座	是为主板提供电源的电源线插座,只不过它采用 4 针供电模式

序号	名称	含　义
(4)	CPU 插座	是主板提供给 CPU 的专门插槽,它充当主板和 CPU 之间的连接桥梁
(5)	主板电源部分	是主板的主要供电部分,负责着主板的电源接入和分配。当电流通过该部分时,就会被整流、变压,然后再根据特定线路输送到各部件提供合适的电流、电压
(6)	I/O 接口	指主板的数据输入输出接口,如:键盘和鼠标的 PS/2 接口、打印机和扫描仪的并行接口、串行(COM)接口和集成声卡接口等
(7)	BIOS 芯片	确切地说是 CMOS 芯片,而 BIOS 是装在该芯片里的程序,它是软件与硬件打交道的最基础桥梁,里面记录了计算机最基本的信息,没有它计算机就不能工作
(8)	主板电池	确切地说是 CMOS 电池,是为 CMOS 芯片提供独立电源而设计的,一旦它没电,CMOS 就会停止运作,导致主机不能启动,因此,初学者应多注意它
(9)	AGP 插槽	将显卡与主板的芯片组直接连接,进行点对点传输。它不是常规总线,不具有通用性和扩展性,只适合于 AGP 显卡插入
(10)	IDE 接口插座	用于连接 IDE 设备的接口,如:连接 IDE 接口的硬盘和光驱等
(11)	PCI 扩展槽	用于连接 PCI 设备的接口,如:连接 PCI 接口的显卡、声卡和网卡等,具有通用性和扩展性
(12)	主板芯片	是主板核心部件,负责着主板所有的运作,如:I/O 接口、PCI 扩展槽、内存和 CPU 等设备的分配控制,是主板性能的决定因素
(13)	SATA 接口插座	用于连接 SATA 设备的接口,如:连接 SATA 接口的硬盘和刻录机
(14)	20 针电源线插座	顾名思义是主板电源线的接口,负责主板电源的输入
(15)	内存插槽	用于插入内存条,一般有 2 条至 4 条插槽不等

3. 常见的主板品牌与选购

主板的品牌繁多,想选购一款优质的主板,就要了解它的一些品牌和选购技巧,下面将为读者逐一介绍。

（1）主板的品牌

目前,主板在市场上的常见品牌有技嘉、华硕、微星、映泰、磐正、七彩虹、升技、昂达、双敏、盈通、梅捷、捷波、精英、英特尔、华擎、铭瑄、斯巴达克、富士康等。

（2）主板的选购

① 选择品牌产品。参照上面列出的品牌选购自己喜欢的主板。华硕、微星、技嘉相对于

其他品牌,口碑更好些。

② 选择合适的主板芯片组。由于 CPU 生产商主要是 AMD 和 Intel 两家,因此主板的设计就针对这两家而设计,那么根据目前主流 CPU,相应的主板芯片组如表 2-11 所示。

表 2-11　主板的芯片组与对应的 CPU

AMD 系列主板芯片组			Intel 系列主板芯片组		
770/790/785G	780G/790/785G/880G	790FX/880G/890GX	G41/G45/P45	P55/H55	X58/P55/H55/P67
对应的 AMD 的 CPU 系列			对应的 Intel 的 CPU 系列		
Athlon Ⅱ X2	Phenom Ⅱ X3	Phenom Ⅱ X4	Core 2 Duo	Core i3、i5	Core i7
注:主板芯片组与 CPU 系列上下一一对应			注:主板芯片组与 CPU 系列上下一一对应		
总结:从上面的芯片对照来看,AMD 和 Intel 根据自身生产的 CPU,相应生产了主板芯片组,而两者都有过渡系列芯片组,如:AMD 的 785G、790、880G,Intel 则是 P55、H55					

提醒:上述的芯片组对照表只是一个大概归纳,市场上的 AMD 系列和 Intel 系列产品很多,不过,每一个类型的 CPU 都有与之相对应的主板芯片组。

③ 查看主板的用料和做工,包括 PCB 板的质量、电容的品质、供电电路的品质、焊接工艺,下面以技嘉 GA－H61M－S2－B3 主板为例,如表 2-12 所示。

表 2-12　主板的用料和做工

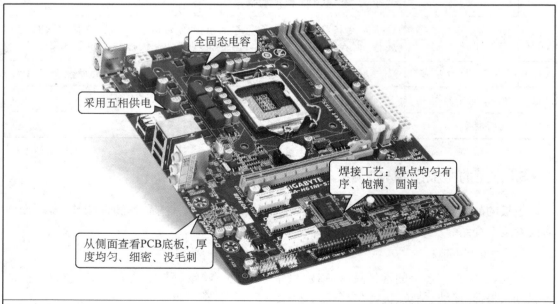

全固态电容

采用五相供电

焊接工艺:焊点均匀有序、饱满、圆润

从侧面查看PCB底板,厚度均匀、细密、没毛刺

(1) PCB 板的质量

好的 PCB 板是厚度均匀,做工精细,边缘平滑没毛刺的,而且用料十足有分量

(2) 电容的品质 　　电容大致分为液态电容(通常是指普通的电解电容)和固态电容两种,电容是用来稳压、稳流的,它的质量直接影响着主板的稳定和寿命的。一般情况固态电容比较稳定、耐用、可靠,很多高端产品都采用固态电容
(3) 供电电路的品质 　　主板是一个集合体,在供电方面要求很高,负载也大,因此没良好的供电电路,是会直接损害主板的运作与寿命的。一般的供电电路都采用三相或三相以上的供电电路,目的在于保证主板和其他载件的稳定运作。现在很多高端的主板都采用四相、五相供电,明显对于主板的稳定、提升和超频都有很大益处
(4) 焊接工艺 　　焊接工艺的好坏能反映出主板生产商的素质和技术含量。好的焊接工艺是焊接点圆润饱满,而且均匀有序,没假焊

> **提醒:**现在有些主板还加入了散热设计,这个是高端玩家所需要的产品,但随着主板功能的不断提高,热量增大,那么带散热式设计的主板将来会很流行。

④ 整合主板与非整合主板的选择。整合主板指整合了显示芯片、声卡芯片和网卡芯片等的主板,非整合主板则与整合主板相反,主板是单独的,与显示芯片、声卡芯片和网卡芯片等是分开各自独立的。整合主板集成度高、性价比高,但扩展性不大,有限制;非整合主板则扩展性大,性能方面比整合的优越,但从经济角度考虑,整合主板仍是普通用户的首选。

4. 主板的日常维护与安装

购买到主板后,就要懂得安装和维护,下面将为读者介绍这方面的知识。

(1) 主板的安装

 操作步骤

步骤1　放入主板。倾斜放入,且注意将主板上的键盘口、鼠标口、串并口等接口和机箱背面挡片的孔对齐,如图 2-17 所示。

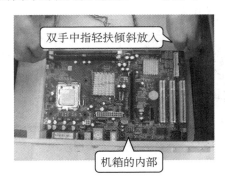
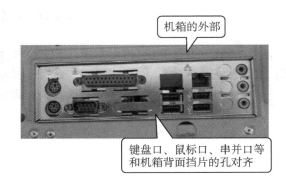

图 2-17　将主板放入到机箱内

步骤 2 锁紧主板。将主板螺丝孔与机箱内的螺丝孔对齐,用螺丝刀拧紧,如图 2-18 所示。

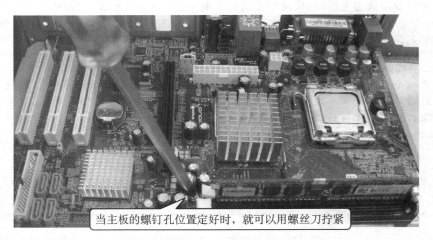

当主板的螺钉孔位置定好时,就可以用螺丝刀拧紧

图 2-18　锁紧主板

(2) 主板的日常维护

主板的日常维护很简单,下面只作简略的描述。

 操作步骤

步骤 1 准备好橡皮、棉花、毛刷和无水酒精,并关掉计算机电源。

步骤 2 侧放主机,松开机箱侧面板的螺丝或扣位,移开机箱侧面板,使主板显露在自己面前。

步骤 3 先用毛刷轻轻扫去主板身上的尘粒,再用橡皮轻擦主板的氧化部分。

步骤 4 用棉花沾上酒精在主板身上轻刷两次或两次以上,作最后的清洁。

步骤 5 通上电源,开机检测,如出现问题,则很可能是接线或配件在清洗过程中松动了,那请检查后重新插好。

步骤 6 最后盖上侧面板,上好螺丝。

课后巩固与强化训练

任务一:找一台计算机,拆下主板、CPU 和内存,对照本项目中所讲述的品牌、种类、性能指标、结构、做工等内容,观察它们以加深认识,并对它们进行日常维护。

任务二:对照本项目中所讲述的安装内容,再将任务一拆开的计算机重新装好。

项目三　外部存储及音频输出设备

　　我们在使用计算机时,要处理和保存很多数据,而这些数据将保存到哪里去呢? 这就是本项目所要介绍的计算机的外部存储设备。

『本项目主要任务』

　　　任务一　认识外部存储设备
　　　任务二　选购硬盘和光驱
　　　任务三　安装硬盘和光驱
　　　任务四　认识声卡
　　　任务五　认识音箱
　　　任务六　选购声卡和音箱
　　　任务七　安装声卡和音箱

『本项目学习目标』

　　● 认识硬盘的工作原理、参数指标
　　● 认识光驱的工作原理、参数指标
　　● 认识声卡的工作原理、参数指标
　　● 认识音箱的工作原理、参数指标
　　● 如何对外部存储设备进行日常维护

『本项目相关视频』

 视　频	视频文件	硬盘安装.wmv、光驱安装.wmv

任务一　认识外存储设备

　　外存储设备是用来在外部存储数据的,它具有容量大、可永久保存、便于移动等特点。外部存储设备种类很多,本任务主要介绍的常用设备有硬盘、光驱、U盘和移动硬盘,如图3-1所示。

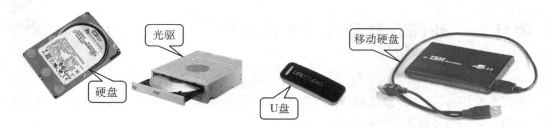

图 3-1　常用外部存储设备

1. 硬盘的工作原理与性能参数

硬盘是计算机必不可少的外部存储设备,也是外部存储设备中容量最大的设备。如果计算机没有了硬盘,很多数据都将无法保存。

(1) 硬盘的工作原理

硬盘的工作原理是利用特定的磁粒子的极性来记录数据。磁头在读取数据时,将磁粒子的不同极性转换成不同的电脉冲信号,再利用数据转换器将这些原始的电脉冲信号转换成计算机可以使用的数据,写入数据的操作则正好相反。

(2) 硬盘的性能参数

硬盘的性能高低直接影响着存储数据的效率,更加影响着操作系统的正常运行,因此,选择高性能的硬盘十分重要。那么决定硬盘性能的参数主要有哪些? 主要参数如表 3-1 所示。

表 3-1　硬盘的性能参数

(1) 硬盘转速	指硬盘电机的主轴转速,这在很大程度上决定了硬盘的读取速度,单位是 r/min(转/分钟)
(2) 最大容量	指硬盘所能存储的最大数据,容量越大所能存储的数据就越多,单位是 G(千兆)
(3) 缓存容量	指硬盘与外部总线交换数据的"场所"的大小,其大小直接影响硬盘读写数据的性能,单位是 M(兆)
(4) 数据传输率	硬盘的数据传输率分为外部传输率和内部传输率两种。外部传输率是指硬盘的缓存与系统主存之间交换数据的速度,内部传输率则是磁头到硬盘的高速缓存之间的数据传输速度,单位为 Mb/s(兆位/秒),但多数商家给出的是外部传输率
(5) 平均寻道时间	指硬盘在接收到系统指令后,磁头从开始移动到移动至数据所在磁道所花费的平均值,单位为 ms(毫秒)。这在一定程度上反映了硬盘读取数据的能力,一般来讲,硬盘的平均寻道时间越短,硬盘的性能越好

希捷 Barracuda 1TB 64M SATA3 单碟企业版	西部数据 320GB 8M SATA2 蓝盘
 硬盘转速:7200 r/min, 最大容量:1000 G 缓存容量:64 M 数据传输率(外部):600 MB/s 平均寻道时间:9 ms	 硬盘转速:7200 r/min, 最大容量:320 G 缓存容量:8 M 数据传输率(外部):300 MB/s 平均寻道时间:8.9 ms

　　总结:从上述两个硬盘的性能指标参数来看,就可比较出优劣,明显希捷 Barracuda 1TB 64M SATA3 单碟企业版比西部数据 320GB 8M SATA2 蓝盘强很多,在高级缓存、容量和传输率上占有绝对优势,而这三者刚好是决定硬盘性能的主要因素

　　提醒:硬件的性能参数都可以通过从网上下载专门的测试软件,测试后得出,可以与商家提供的性能信息进行验证,如:测试硬盘性能参数的 HD Tune 软件。

2. 光驱的工作原理与性能参数

　　光驱主要用于读取光盘上的数据,或者将数据刻录到光盘上。目前市场常见的光驱类型有 COMB 光驱、DVD - ROM 光驱、DVD 刻录光驱和蓝光光驱等。

　　(1)光驱的工作原理

　　激光头装置是光驱的中心部件,光驱都是通过它来读取数据的。光驱在读取信息时,激光头会向光盘发出激光束,当激光束照射到光盘的凹面或非凹面时,反射光束的强弱会发生变化,光驱就根据反射光束的强弱,把光盘上的信息还原成为数字信息,即"0"或"1",再通过相应的控制系统,把数据传给计算机。

　　(2)光驱的性能参数

　　光驱的性能参数主要如表 3-2 所示。

表 3-2　光驱的性能参数

(1)读取速度	指在读取数据过程中传输数据的速度,即倍速。倍速越大,读写速度越快,如:16XDVD - ROM,光驱的 16 倍速简单表述为 16X,一般 1 倍速=1358 Kb/s。但 CD 和 DVD 有读取速度之分,如:读 DVD 时读取速度为 16X,则读 CD 时就相当于 48X 左右
(2)接口类型	指 IDE 接口、SATA 接口和 USB 接口三种类型,其中目前使用最多的是 SATA 接口
(3)写入速度	该参数只针对刻录机来讲,指的是刻录光盘的速度。与读取速度单位一样,以倍速反映快慢,而写入倍速越大,写入数据越快
(4)数据缓存	主要用于缓冲读出或写入的数据,并平衡数据传输时的速度,从而保证读写光盘的稳定性。但多数商家是以缓存容量作为参数,单位为 Mb/s(兆位/秒)

（5）纠错能力	指光驱对质量较差光盘的读取能力。纠错能力强的能够跳过坏的数据区，而能力弱的则不能正常读取
（6）兼容性	对于读取不同格式的能力，相当于光驱的读取范围。光驱兼容性越好，读写的光盘的种类越多

华硕 DRW－20B1LT 刻录机
读取速度：DVD＝16X，CD＝48X；接口类型：SATA
缓存容量：2M；写入速度：20X
纠错能力：Buffer under-run＋光雕刻录，防烧死技术，防止光盘破裂功能
兼容性：DVD＋/－RW，DVD＋/－R，CD－R，CD－RW，DVD－ROM，Photo CD，Video CD，CD－DA，CD－Extra，CD－Text，DVD－RAM

华硕 DVD－E818A4 刻录机
读取速度：DVD＝16X，CD＝32X；接口类型：SATA
缓存容量：2M；写入速度：18X
纠错能力：Buffer under-run＋光雕刻录，防烧死技术，防止光盘破裂功能
兼容性：DVD＋/－R，DVD＋/－RW，CD－R，CD－RW，DVD－RAM，DVD－ROM，DVD±R/RW，Photo CD，Video CD，CD－DA，CD－Extra，CD－Text

总结：从上述两个刻录机的性能指标参数来看，就可比较出优劣，属于同一品牌，参数区别不大，但速度上华硕 DRW－20B1LT 刻录机比华硕 DVD－E818A4 刻录机有明显速度优势，且用户一般会较看重刻录机的速度，因为现在的光盘都是大容量的，如果光驱读/写时速度过慢会严重影响使用效果

3. U 盘和移动硬盘的工作原理与性能参数

U 盘和移动硬盘是我们工作中经常用到的移动储存设备，因为它们体积小、方便储存和移动，十分适用于当今紧张快速的工作环境，从而提高我们的工作效率。

（1）U 盘和移动硬盘的工作原理

U 盘的工作原理是：建于 USB 接口和闪存芯片的基础上，以闪存芯片为存储介质，通过 USB 接口与系统交换数据并将数据储存到闪存芯片中，相反，则逆向从闪存芯片中读出数据，再通过 USB 传送到相应的控制系统，再翻译成计算机能接收的数字信息，最后显示在显示器上或转移到另一个储存介质中。

移动硬盘的工作原理是：以硬盘为存储介质，以其他更快的传输接口（除 IDE 外）为交换数据的通道，如：USB 接口、IEEE1394 接口，实现数据之间的交换存取，同时具备即插即用、便于携带移动等特性。

（2）U 盘和移动硬盘的性能参数

U 盘的性能参数主要如表 3-3 所示。

计算机组装与维修

表 3-3　U 盘的性能参数

（1）读取速度	指 U 盘在读取数据过程中传输数据的速度,单位为 Mb/s(兆位/秒)
（2）写入速度	指 U 盘在写入数据时的数据传输速度,单位为 Mb/s(兆位/秒)
（3）储存容量	指 U 盘能储存数据的多少,单位为 G(千兆)
（4）接口标准	指采用何种接口形式和标准,如:USB 1.0、USB 2.0 和 USB 3.0 等,数字越大表示版本越高,转换数据和传输速度就会越快
（5）兼容性	指能在多种系统下使用,如:支持 Windows 7,Windows Vista,Windows XP 等
	台电骑士 USB3.0 读取速度:58 Mb/s,写入速度:30 Mb/s,储存容量:16 G,接口标准:USB 3.0 兼容性:Win2000,Win XP,Vista,Win7,Mac OS10.5,Linux Kernel
	金士顿 Data Traveler 101G2 读取速度:10 Mb/s,写入速度:5 Mb/s,储存容量:16 G,接口标准:USB 2.0 兼容性:Win2000,Win XP,Vista,Win7

　　总结:从上述两个 U 盘的性能指标参数来看,就可比较出优劣,同样的储存容量,但性能和价格上就有很大的区别,明显价格略低的台电骑士 USB3.0 有着绝对的性价比优势

　　移动硬盘的性能参数主要如表 3-4 所示。

表 3-4　移动硬盘的性能参数

（1）硬盘转速	指移动硬盘电机的主轴转速,这在很大程度上决定了硬盘的读取速度,单位是 r/min(转/分钟)
（2）储存容量	指移动硬盘能储存数据的多少,单位为 G(千兆)
（3）接口标准	指采用何种接口形式和标准,如:USB、IEEE1394、SATA、eSATA 等
（4）兼容性	指能在多种系统下使用,如:支持 Windows 7,Windows Vista,Windows XP 等
（5）功能性	指突破了接口限制,用户能以多种方式使用硬盘,如:能与数字设备连接后即时观看录像
	希捷 Free Agent Go Flex 硬盘转速:5400 r/min,储存容量:500 G,接口标准:USB 3.0 兼容性:Win XP,Vista,Win7,Mac OS10.5 功能性:能在 Windows 系统和 Mac 系统之间实现文件转换;突破了接口限制,将 Go Flex 电视高清媒体播放器与数字设备连接,即时享受 1080p 高清电影,DIY 照片,环绕立体声音乐等

西部数据 Elements

硬盘转速：5400 r/min，储存容量：500 G，接口标准：USB 2.0

兼容性：Win XP，Vista，Win7，Mac OS10.5

功能性：即插即用，USB 供电，为 Windows 设计，针对 PC 进行了预格式化，可针对 Mac 计算机重新格式化

　　总结：从上述两个移动硬盘的性能指标参数来看，就可比较出优劣，同样的储存容量和转速，但性能和价格上就有很大的区别，明显希捷 Free Agent Go Flex 价格稍高，但相对性能上也更强些

4. 外部存储设备的日常维护

在工作中，外部存储设备是经常用到的设备，那么我们有必要懂得它们的日常维护。外部存储设备都是存储介质，在维护上大致以保证工作稳定和数据安全为主要维护方向，下面为读者逐一讲述它们的日常维护方法。

（1）硬盘的日常维护

① 定期整理硬盘碎片。在安装软件、删除软件和上网看电影等操作时，会在硬盘中产生很多文件垃圾，从而产生很多文件碎片，如果不定期清理这些碎片，就会使硬盘寻道次数加倍，运行变慢，老化加快，因此，必须进行定期的硬盘整理，你可以使用系统自带磁盘整理程序进行碎片整理，如图 3-2 所示。

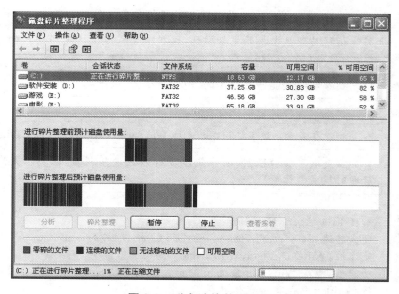

图 3-2　磁盘碎片整理程序

② 保证硬盘散热良好。硬盘的温度直接影响着硬盘的工作状态和使用寿命，轻则造成

系统不稳定或丢失数据,重则硬盘会产生坏道。为此,不要长时间使用硬盘下载东西,限时关机,防止产生过热,或者购买硬盘散热器。

③ 保证硬盘电压稳定。电压不稳定,会造成硬盘工作异常,轻则丢失数据或造成坏磁道,重则直接损坏不能使用。为此,必须时刻保证工作区电压稳定,配备稳压器,最好加配一个 UPS 电源。

④ 保持硬盘有良好的工作环境。无论哪一种精密配件,都无法摆脱灰尘的伤害,但至少我们要将这种损害度降至最低,那么就需要定期清扫硬盘身上的灰尘以及它周边的环境。

⑤ 防止电磁干扰和震动。当电磁干扰和震动时,硬盘会很容易丢失数据和损坏磁道,甚至损坏到不能操作,因此要定时查看硬盘周边有没有其他电器设备干扰,同时,也要多注意下硬盘是否锁紧,不易松动。

(2) 光驱的日常维护

① 保证正确的读碟方式。光盘放入光驱时,对准卡位、孔口,带磁质的光面应向着孔口或向下放置,不要放反了;光盘不用时,应尽量从光驱中取出,防止光驱继续工作,增加疲劳损坏。

② 保证光驱电压稳定。无论哪一种电器设备,不在额定电压下工作都会容易出问题,因此,时刻保持稳定电压对光驱也是十分重要的,因此,平时要多注意工作区的电压是否稳定,如果不稳定就要多加一个 UPS 稳压设备。

③ 保持光驱有良好的工作环境。灰尘是精密仪器的大敌,同时也无孔不入,为此,必然要时常保证光驱工作环境的清洁,尽量减少灰尘的伤害。

④ 防止碰撞干扰和震动。光驱带有激光头,是相当精密的仪器,一点碰撞或震动都会对它产生影响,因此,平时就要多注意少碰撞,同时要固定好它的位置不要松动。

⑤ 定期清洗光驱的激光头。光驱使用时间长了,就会使激光头沾上灰尘,从而使光驱的读盘能力下降。主要表现为读碟速度慢且带有杂音,甚至严重些会使光驱死机,因此,要定时清洗光驱的激光头,一般购买专用清洁剂(附带清洁工具)定期清洗。

(3) U 盘的日常维护

① 保证正确的使用方式。不要随意地拔取 U 盘,因为 U 盘在工作时是在刷写数据,中途拔取会导致刷写芯片的失效。应按正确顺序拔取,比如先停止写入或读出动作,接着再选择退出系统,弹出允许退出的提示时才拔取 U 盘。

② 保证 U 盘电压稳定。电压的稳定对电子设备的安全使用是最好的保障,U 盘虽然插在 USB 接口上,但如果 USB 接触不良,造成电压输出不稳定,也是一个相当严重的问题。

③ 保持 U 盘有良好的工作环境。时刻保持良好的工作环境,对于每一个电子设备都是十分重要的,U 盘也绝不会例外,要远离多尘、潮湿和高温的环境。

④ 防止碰撞干扰和震动。切不要猛烈撞击 U 盘,防止内置电路元器件虚焊、脱落,更不要随意放置 U 盘而引起不必要的碰撞和震动。

(4) 移动硬盘的日常维护

① 保证正确的使用方式。不要随意拔取移动硬盘,因为移动硬盘工作时主轴是在转动读取数据中,中途拔取会让主轴难以复位。应当按正确顺序拔取,比如先停止写入或读取动

作,接着再选择退出系统,当弹出允许退出的提示时,才拔取移动硬盘。

　　② 保持移动硬盘有良好的工作环境。防尘是储存介质的首要问题,一般移动硬盘都附带保护外壳,但平时也要注意环境的清洁,因为灰尘是无孔不入的。

　　③ 防止碰撞干扰和震动。移动硬盘和普通硬盘一样,也是经不起碰撞和震动的,这就需要平时多注意移动硬盘的放置和保护。

　　④ 定期进行磁盘整理。在拷贝数据和删除数据时,会在移动硬盘中产生很多文件垃圾,从而产生很多文件碎片,因此,必须进行定期的硬盘整理。由于系统自带磁盘整理程序对于移动硬盘的整理比较慢,那么我们可以下载个专业磁盘整理软件来整理,如:Piriform Defraggler软件,如图 3-3 所示。

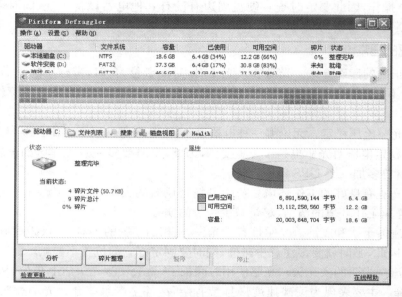

图 3-3　磁盘碎片整理程序

任务二　选购硬盘和光驱

　　硬盘和光驱是我们平时工作中经常用到的设备,选购优质的硬盘和光驱,对于提高我们的工作效率十分重要。那么应当如何选取优质硬盘和光驱呢? 下面为读者介绍一些方法。

1. 硬盘的选购

　　硬盘的种类和品牌多种多样,用户应该怎样选购呢? 我们可以根据以下 4 项原则进行选购。

　　① 容量大小的选择。如果是企业用户一般都是用来保存公司资料和数据的,经过多年的积累,数据量很大,就要选择大容量的硬盘,通常要求硬盘 500 G 以上。如果是普通家庭用户或工作者,一般 500 G 之内就足够了。

　　② 硬盘性能方面的选择。一般台式机的硬盘,要求主轴转速 7200 r/min 及之上,笔记本

5400 r/min 及之上，缓存则统一要 8 MB 以上，平均寻道时间则是 9 ms 或更小，这样硬盘速度和效率才能适合当今紧张的工作环境。

③ 选择品牌产品。品牌产品有良好的服务、优质的保证，加上生产和制造有严格的把关，而且有着长期的制造历史和经验，通常都能质保三年。目前硬盘的主流品牌有希捷（Seagate）、三星（Samsung）、西部数据（Western Digital）和日立（Hitachi）等。

④ 辨别真假。硬盘的品牌产品都选取专业代理销售，用户可以根据每个品牌相应的代理商进行硬盘真假的查询认证。一般代理商的防伪标识都贴在硬盘的表面，而且硬盘包装盒也有防伪标识，还有标明质保时间。目前，国内主要品牌的代理商如表 3-5 所示。

表 3-5　硬盘的国内代理商

品　　牌	主要代理商
西部数据（Western Digital）	联强国际、迪科、建达蓝德、金喜来、利集和英特利
希捷（Seagate）	建达蓝德、讯宜（Orbit）和联强国际
三星（Samsung）	七喜和金喜来
日立（Hitachi）	科技、利集和新资源（CMS）

2. 光驱的选购

光驱的种类和品牌多种多样，我们可以根据以下原则选购一款好的光驱。

① 根据光驱的性能参数选择。目前光驱的接口类型多数以 SATA 接口，选取这种接口的光驱已经成为必然选择。在读取速度上，要满足 16X（倍速）及以上的 DVD 读取能力，而 CD 则要达到 48X（倍速），当然越快越好。如果是刻录机还要关注写入速度，至少要有 8X（倍速）及以上的刻录能力，同样越快越好。另外还要兼容性强，能读取多种格式数据。最后还要有强大的技术支持，最好有专业性的纠错技术、防刻死和防死读等功能。

② 选择品牌。目前光驱的主流品牌有明基（BenQ）、索尼（Sony）、先锋（Pioneer）、飞利浦（Phillips）、华硕（ASUS）、三星（Samsung）等。

③ 服务质量保证。一般都在光驱表面或盒子表面贴有防伪标识，而且有 1 年的质量保证。

任务三　安装硬盘和光驱

购买了硬盘和光驱之后，就要学会安装，本任务专门讲述硬盘和光驱的安装方法。

1. 安装硬盘

 操作步骤

步骤 1　先将硬盘固定在机箱架上，如图 3-4 所示。

图 3-4　固定硬盘

步骤 2　接上硬盘和主板之间的数据线,如图 3-5 所示。

图 3-5　硬盘和主板之间接上数据线

步骤 3　接上硬盘的电源线,如图 3-6 所示。

图 3-6　接上硬盘的电源线

2. 安装光驱

操作步骤

步骤 1 和硬盘一样,将光驱放入机箱架上固定,如图 3-7 所示。

图 3-7 将光驱装到机箱固定架上   图 3-8 接上光驱的电源线

步骤 2 接上光驱的电源线,如图 3-8 所示。

步骤 3 接上主板与光驱之间的数据线,如图 3-9 所示。

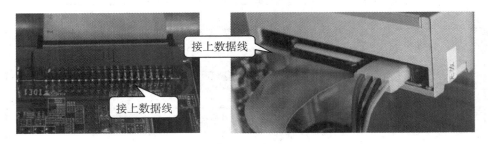

图 3-9 接上主板和光驱之间的数据线

任务四 认识声卡

声卡是多媒体应用中的一个基本组成部分,它能把来自话筒、磁带和光盘等原始声音信号加以转换,输出到耳机、扬声器、扩音器和录音机等设备,或是通过数字接口使电子乐器发出声音。

1. 声卡的结构和性能参数

要认识声卡就要认识它的结构和性能参数。

（1）声卡的结构

声卡是哪几部分组成的？如表3-6所示，就可以了解声卡的大概结构。

表3-6　声卡的结构

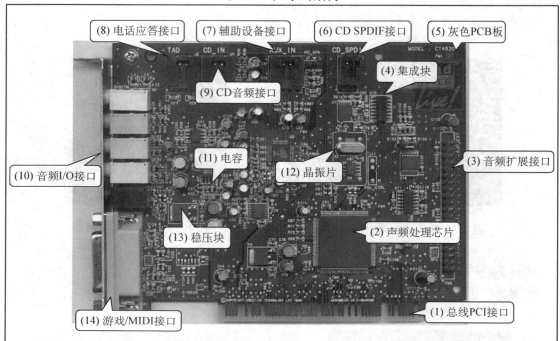

序号	名称	含　　义
（1）	总线 PCI 接口	用于声卡与主板的 PCI 总线连接，负责声卡与系统的数据传输，插在主板 PCI 插槽中
（2）	声频处理芯片	这是声卡的核心部件，负责模拟信号和数字信号之间的转换，决定着声卡的性能
（3）	音频扩展接口	顾名思义是为了扩展音频处理方面的功能，从而多增加的一个接口
（4）	集成块	是一种集成电路，装在声卡中充当缓存，能加速声卡的音频处理速度，是声卡必不可少的部分
（5）	电路板（PCB 板）	是电子设备的底板，是用来装备电路元件的基板，是一个载体部件
（6）	CD SDPIF 接口	一种扩展接口，可以与 MD 播放机或 MP3 播放机连接，从而实现它们间的音频"交流"
（7）	辅助设备接口	另一种扩展接口，是用来连接音频辅助设备而设计出来的接口，使声卡性能更有扩充性
（8）	电话应答接口	配合支持自动应答的 Modem 和软件，可以使计算机具备自动应答的功能，这个部分可有可无，只是一种附带功能，一般声卡没有

序号	名称	含　义
(9)	CD 音频接口	是 3 针或 4 针的接口,是用来与光驱的音频接口相接,目的是实现 CD 音频信号直接播放
(10)	音频 I/O 接口	用于音频的输入/输出的接口,如麦克风的输入,又如连接音箱或其他放音设备的输出
(11)	电容	具有整流、稳压的作用,和其他电子设备的电容一样,是电子电路的重要组成部分
(12)	晶振片	晶振片又称晶体振荡器,其作用是产生原始的时钟频率,这个频率经过频率发生器的放大或缩小后就成了计算机中各种不同的总线频率。如:声卡要实现对模拟信号 44.1 kHz 的采样,频率发生器就必须提供一个 44.1 kHz 的时钟频率,这样就需要一颗晶振片
(13)	稳压块	顾名思义具有稳定电压的作用,目的是实现固定的电压输入/输出,是声卡必不可少的一部分
(14)	游戏/MIDI 接口	这是个 15 针接口,主要用于连接游戏操纵杆、游戏手柄和方向盘等外界游戏控制器。同时也可以连接 MIDI 键盘和电子乐器等设备,实现 MIDI 音乐信号的直接传输

(2) 声卡的性能参数

声卡的性能参数如表 3-7 所示。

表 3-7　声卡的性能参数

(1) 声道数目	声道(Sound Channel)是指声音在录制或播放时在不同空间位置采集或回放的相互独立的音频信号,所以声道数目就是指声音录制时的音源数量或回放时相应的扬声器数量,它是衡量声卡档次的重要指标之一
(2) 采样频率	指每秒钟采集声音样本的数量。标准的采样频率有三种:11.025 kHz(语音)、22.05 kHz(音乐)和 44.1 kHz(高保真),有些高档声卡能提供 5 kHz～48 kHz 的连续采样频率。采样频率越高,记录声音的波形就越准确,保真度就越高,但采样产生的数据量也越大,要求的存储空间也越多
(3) 信噪比	指输出的信号与同时输出的噪声电压的比例,单位是 dB(分贝)。它是衡量声卡音质的一个重要因素,这个数值越大,代表输出信号时的噪声越小,音质越好
(4) 采样位数	可以理解为声卡处理声音的解析度。这个数值越大,解析度就越高,录制和回放的声音就越真实。目前有 8 bit(位)、16 bit(位)和 24 bit(位)等

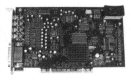

创新 Sound Blaster X-Fi Elite Pro
声道数目:7.1
采样频率:192 kHz
信噪比:116 dB
采样位数:24 bit

乐之邦 Monitor 01 PS
声道数目:5.1
采样频率:192 kHz
信噪比:113 dB
采样位数:24 bit

> 总结:从上面两个声卡的性能参数对比,就可知乐之邦 Monitor 01 PS 的性价比更高,虽然声道数目比不上左侧的品牌,但其他指标不相上下,再考虑到价格不到对方的 1/4,明显拥有更高的性价比

2. 声卡的日常维护

声卡的日常维护很简单,下面将为读者介绍日常维护的方法。

① 保持声卡的工作环境清洁。灰尘是声卡的主要危害,定时清扫灰尘是必做的维护工作。

② 定时清洗声卡。先用毛扫清除声卡身上灰尘,再用棉花或棉布浸泡无水酒精,将声卡再轻抹多次。

③ 注意干扰的问题。定时察看声卡周边是否有干扰因素,如果有就尽力清除。

④ 平时要注意使用方式。在插拔音频线时,要轻插轻拔,还要对准相应的线孔插入,否则,用力过猛和不对正插入,会直接损坏声卡。

任务五 认识音箱

音箱是放音设备,是音频输出的重要组成部分,没有了音箱,音频系统根本发不出声音来。本任务就是带读者认识音箱以及如何对其维护,如图 3-10 所示,就是我们常见的音箱。

图 3-10 音箱

1. 音箱的工作原理和性能参数

认识音箱首先要了解它的工作原理和性能参数。

（1）音箱的工作原理

音箱是指将音频信号转换为声音的一种设备。通俗点讲就是指音箱的主机箱体或低音炮箱体内自带功率放大器,该功率放大器能将音频信号放大处理,最后再经音箱本身回放发出声音,最终实现音频变换成声音的效果。

（2）音箱的性能参数

音箱的性能参数主要如表 3-8 所示。

计算机组装与维修

表 3-8　音箱的性能参数

(1) 功率	功率是衡量一个多媒体音箱性能的基本参数,功率越大音箱的震撼力越强。它是指音箱输出的能量,一般有额定功率、最大输出功率等之分,但通常大多数产品给出的是额定功率作参数,单位是 W(瓦)
(2) 阻抗	这个概念比较复杂,简单说,将一个电路中的电阻、电感和电容三者(电阻、感抗、容抗)矢量相加得到的就是阻抗,单位和电阻值一样,也是欧姆。音箱中的阻抗标识一般指的是其线路输入阻抗。一般多媒体音箱的输入阻抗在 4 欧姆到 16 欧姆之间,但也有更大的。对多媒体音箱来说,阻抗越高,音箱的音质会更好一些,但也变得更难以驱动
(3) 信噪比	指输出的信号与同时输出的噪声电压的比例,单位是 dB(分贝)。它是衡量音箱音质的一个重要因素,这个数值越大,代表输出信号时的噪声越小,音质越好。多媒体音箱的信噪比应该大于 80 dB,低音炮则应该大于 70 dB。而只有信噪比大于 90 dB 的音箱,才有资格自称为"准 Hi-Fi 音箱"
(4) 失真度	失真度可分为谐波失真、互调失真是和瞬间失真。谐波失真是指在声音回放时增加了原信号没有的高次谐波成分所导致的失真;互调失真是由声音音调变化而引起的;瞬间失真是扬声器因为有一定的惯性,盆体的震动无法跟上电信号瞬间变化的震动,出现了原信号和回放信号音色的差异。音箱的失真越少,音质就越好,应选购失真度少于 5% 的多媒体音箱
(5) 频率范围	指音响系统能够重放的最低有效回放频率与最高有效回放频率之间的范围。有时候等同于频率响应

 雅兰仕 AL-101
功率:5 W,阻抗:4 Ω
失真度:≤%0.3
信噪比:≥60 dB
频率范围:90 Hz～20 kHz

 雅兰仕 EP-225 典藏版
功率:4 W,阻抗:4 Ω
失真度:≤%0.3
信噪比:≥60 dB
频率范围:90 Hz～20 kHz

　　总结:从性能参数来比较,两者属于同一品牌,且性能区别不大,这就要从价格来对比,雅兰仕 AL-101 的价格是 EP-225 的 1/4,性价比更高。购买音箱是为了享受良好的音质,而外观并不是很重要,因此,性价比才是首要选择依据

2. 音箱的日常维护

音箱是长久使用的,购买回来就一定要好好维护。下面介绍一下它的维护方法。

(1) 注意音箱的摆放位置

首先,避免放置于日光直射的位置,避免放置于发热设备或制冷设备的旁边,避免放置于潮湿的位置,否则会引起箱体表面起泡或电气元件的老化、生锈或发霉。同样,音箱也要远离强磁场,如果手机靠近音箱,来电时会使音箱出现噪音。

（2）音箱工作环境的重要性

音箱的各种部件大都对温度、湿度的变化较敏感,如:木皮、纸质的音盆、高音丝膜、悬边、定心支架、粘合剂、音圈等。为了避免温度过高或过低,可以适当配置空调来调温。还要注意防尘,灰尘永远是磁质电器的最大杀手,需要定时清扫音箱周边的以及其身上的灰尘,最好是用专业除尘剂清尘。

（3）正确使用音箱

有源音箱由于内置功放,功放芯片最怕大(瞬间)电流直接冲击,因此最好把音量开到最小然后再开机,开机后可以正常调大音量。关机时也同样先调小音量再关电源。长时间大音量放音后,音箱的后面板会变得很热,此时要特别注意。另外,音箱的音量不要开太大,至多1/2左右,因为大音量除了声音失真问题外,还有一些歌曲中有超常的高音或者动态放大,在音量开满的状态下会烧毁发音单元。在长期不使用时,应关掉开关,并拔出电源插头。

任务六　选购声卡和音箱

想享受完美的音乐,就要选购一款完美的声卡和一对优质的音箱。那么如何才能选购到呢? 本任务将会为读者介绍选购的方法。

1. 选购声卡

声卡是音频输出/输入的调节设备,它的好坏完全决定了能否享受完美的音质。

① 用户的选择。

普通用户:一般只是用来听 MP3,玩普通游戏和看电影等,就不必单独购买一块 PCI 声卡,板载声卡已经足够使用了。如果真打算要买,就选择功能简单的声卡即可,而且价格上要实惠。

游戏爱好者:游戏对硬件的要求是很高的,一般选择具备多声道、三维音效和强大音效的高性能声卡,而且最好是具备游戏/MIDI 的接口。这些用户比较看重高性能、性价比。

音乐发烧友或电脑音乐制作者:这些用户对声卡有着特殊的要求,如:声卡的性能要高信噪比、低失真度和快速频率响应等,而且还要质量上有绝对的保证。一般他们不太考虑价格高低,只关注性能和质量是否优异。

② 质量上的保证。一般品牌声卡都有较高的质量保证。声卡的品牌有乐之邦、安桥、创新、华硕、德国坦克、Esi、M-audio 和赛诺威等。

③ 性能和价格方面的考虑。结合声卡的性能参数和价格综合考虑,一般都是选取高信噪比、低失真度和快速频率响应等性能好,且价格上要实惠的声卡。

2. 选购音箱

音箱是重要的发声设备,是音乐能不能出声的关键。

① 用户的选择。

普通用户:只用来听 MP3,玩普通游戏和看电影等,选择经济型的音箱即可,价格一般在

150 元以下。

游戏爱好者：一般选择具有环绕、高功率的音箱，这样才能体验出游戏的震撼感。

音乐发烧友或电脑音乐制作者：这种用户秉持音质至上原则，当然选择高保真、超性能的音箱，价格和质量一般是一对一的正比：高价位、高质量。

② 选择品牌。一般品牌音箱都有较高的质量保证。音箱的品牌有创新、轻骑兵、三诺、漫步者、多彩、奋达、惠威、麦博、现代、飞利浦和冲击波等。

③ 音箱的性能方面考虑。

功率：一般考虑在 10 W 以上，因为高功率能使音箱具备震撼力。

信噪比：一般选取信噪比大于 75 dB 的音箱，信噪比越大，噪声影响越小。

阻抗：音箱的阻抗分为高阻抗和低阻抗，低于 8 Ω 的是低阻抗，高于 16 Ω 的是高阻抗，标准阻抗是 8 Ω，高阻抗音质会好些，但难驱动，低阻抗音质差些，所以一般选择 8 Ω～16 Ω 之间的较为适合。

频率范围：频率范围越大，能够还原的音频段越宽，声音越接近真实。多数选择大范围频率的音箱。

失真度：失真度越小越好，一般在 5% 以下。

④ 音箱的做工和质料。做工好的音箱，外观完美，流线感十足；有的音箱更是质料上乘，比如，使用真皮面套和专业木质料组合而成的音箱，如图 3-11 所示。

真皮式面套

专业木料

图 3-11　做功和用料极好的音箱

任务七　安装声卡和音箱

拥有了一款完美的声卡和一对优质的音箱之后，就要将它们安装起来，才能享受完美的音质。为此，本任务将教会读者安装声卡和音箱。

1. 安装声卡

声卡有集成和独立之分的。集成的是指声卡已经集成在主板上，不需要手动安装，而独立的则指单独购买的声卡，需要手动安装在主板上。那么下面就介绍如何安装独立声卡。

 操作步骤

步骤 1　为方便安装和定位声卡，移除机箱背部与主板扩展槽相对应的挡片，如图 3-12 所示。

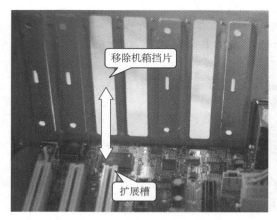

图 3-12　移除机箱挡片

图 3-13　查看声卡

步骤 2　先查看声卡的总线接口即金手指部分,看清缺口部分,目的是为了下一步安装到主板上作准备,如图 3-13 所示。

步骤 3　安装声卡到主板的 PCI 槽(扩展槽)上,如图 3-14 所示。

图 3-14　声卡安装到主板

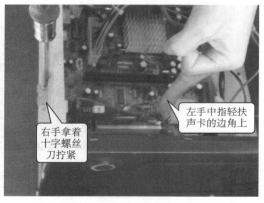

图 3-15　锁紧和固定声卡

步骤 4　拧上螺钉,锁紧并固定好声卡即安装完成,如图 3-15 所示。

2. 安装音箱

音箱一般包括低音炮、左右卫星音箱、主音频线、左右声道音频线和电源线。安装音箱就是将这些部件用连接线连接好,再连接到计算机的声卡上实现音频输入、输出。

 操作步骤

步骤 1　准备好音箱和连接线,如图 3-16 所示。

步骤 2　先连接好低音炮。将主音频线和左右声道音频线连接到低音炮背面的输入和输出接口上,如图 3-17 所示。

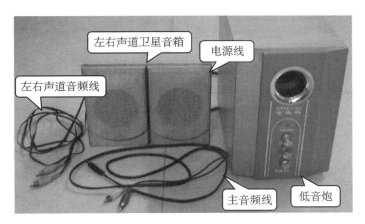

图 3-16　准备好音箱和连接线

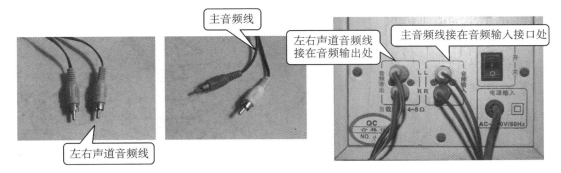

图 3-17　接好低音炮的连接线

提醒：因为一般情况下，左右声道音频线与左右声道卫星音箱是一体的，无需再连接它们；只需将左右声道音频线与低音炮连接即可。

步骤 3　将音箱连接到计算机上。将主音频线的另一端连接到计算机的声卡输出接口上，如图 3-18 所示。

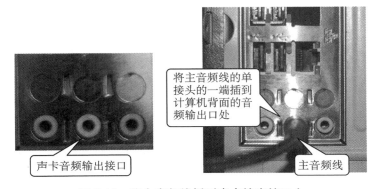

图 3-18　将主音频线插到声卡输出接口上

步骤 4　最后,开启音箱和计算机,打开播放器,播放音乐,测试音箱情况即可。

课后巩固与强化训练

任务一:按照项目内容整理一下,看自己拥有那些外存设备,写在纸上。

任务二:根据任务一上所写的外存设备,上网查找它们的价格和性能,再与项目中的内容对照一下。

任务三:按照项目内容,拆出自己的声卡(如果自己有装独立声卡)和音箱,观察它们的结构、组成和连接部分,了解它们的结构和组成。

项目四　机箱、电源与显示设备

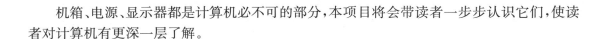

机箱、电源、显示器都是计算机必不可的部分,本项目将会带读者一步步认识它们,使读者对计算机有更深一层了解。

『本项目主要任务』

任务一　认识机箱和电源
任务二　选购机箱和电源
任务三　安装机箱和电源
任务四　认识显卡
任务五　认识显示器
任务六　选购显卡和显示器
任务七　安装显卡和显示器

『本项目学习目标』

● 认识机箱的结构
● 认识机箱和电源的类型
● 认识电源的性能参数
● 认识显卡及其性能参数
● 认识显示器及其性能参数
● 认识如何选购显卡和显示器
● 认识如何安装显卡和显示器

『本项目相关视频』

 视　频	视频文件	电源安装.wmv、显卡安装.wmv

任务一　认识机箱和电源

机箱是计算机的"托架"兼"外衣",它承载主板、硬盘、光驱等计算机的主要部件,而且包裹着它们,使它们远离外部的"伤害"。电源是计算机的"动力",没有它,计算机就无法运转。

1. 机箱的结构和分类

（1）机箱的结构

机箱的结构一般包括外壳、侧面板、支架、连接线及前面板上的各种指示灯、按钮等。这些是一般机箱都必须具备的。不过，随着计算机的外挂设备越来越多，现在大多数机箱趋向多元化发展，会在面板上加多几个 USB 接口、麦克风接口、音频接口以满足用户需要，如表4-1所示机箱结构图。

表 4-1　机箱结构

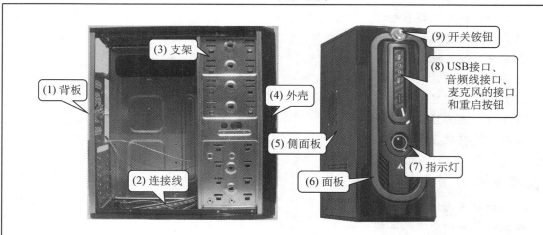

序号	名称	含　义
（1）	背板	指机箱的背部，它是主机 I/O 部分的卡位和保护层，如：电源接入线、显卡输出接口和声卡的输入/输出接口等，这些都是靠机箱的背板定位和保护的
（2）	连接线	顾名思义是起连接作用，是机箱与主板的连接线，一般与机箱的开关、指示灯和 USB 接口等相连
（3）	支架	是支撑机箱的架构，同时也是用来放置硬盘和光驱等外存设备的拖架
（4）	外壳	是机箱的最外层保护壳，对机箱起到最好的保护作用
（5）	侧面板	是机箱的侧面部分，机箱有两个侧面板，起到侧面保护作用
（6）	面板	机箱的正面带按钮的部分，主要装有电源开关、USB 接口、重启按钮和提示灯等
（7）	指示灯	起到指示作用，它指标着硬盘的运作是否正常运行，亦称作硬盘指示灯

序号	名称	含　义
(8)	USB 接口、音频线接口、麦克风接口和重启按钮	是一些用于与外围设备连接的接口以及一个在死机的情况下，需要用到的冷重启按钮
(9)	开关按钮	顾名思义就电源开关的按钮，在开机时首先就要按该按钮才能开机

（2）机箱的分类

目前，机箱从结构上可以分为 ATX、MicroATX、NLX、WTX（也称 Flex－ATX）以及最新的 BTX 机箱等，而市面上常见的其实就是 ATX、MicroATX、BTX 三种，如表 4-2 所示。

表 4-2　机箱的分类

（1）ATX 机箱 　　ATX 机箱为立式结构，将 I/O 接口统一转移到宽的一边，并做成"背板"的形式。此外，ATX 还规定 CPU 散热器的热空气必须被外排，在加强散热之余、也减少了机箱内的积尘。ATX 机箱空间宽阔，可以容纳更多的配件，目前主流机箱产品都采用此结构	
（2）MicroATX 机箱 　　MicroATX 是在 ATX 基础上建立的，相对于 ATX 来讲，更加节省空间，体积更小，而且可以称作 ATX 的迷你型。因此，MicroATX 机箱扩展性有限，只适合对电脑性能要求不高，要求好看、实用的用户	
（3）BTX 机箱 　　BTX 是 Intel 定义并引导的桌面计算平台新规范，BTX 机箱与 ATX 机箱最明显的区别就在于把以往只在左侧开启的侧面板，改到了右边。它是相对于 ATX 更高一层次的机箱概念，是为了新一代计算机而建立的，有着更好的散热、保护功能，同时对配件布局更合理	

2. 电源的分类和性能参数

（1）电源的分类

电源的规格主要是围绕主板的规格来制定，而目前主流的主板是 ATX 和 BTX 式主板，因此电源也分为 ATX 电源和 BTX 电源两种，如图 4-1 所示。

ATX电源

BTX是在ATX基础上建立的更新型的一代架构，兼容了ATX的功能，且功能更稳定

BTX电源

图 4-1　ATX 电源与 BTX 电源

（2）电源的性能参数

电源的性能参数可以涉及到较深入的专业知识，比如，输出电压+3.3 V、+5 V、+12 V、−12 V 这些都是计算机配件经常要用到的电压数，每一个输出都有规范和标准，也同时有规定的参数。一般市面上合格的电源产品都必须经过多种标准化程序才能出厂，因此下面不作详细讲述，只选取最有代表性的几个参数来讲，如表 4-3 所示。

表 4-3　电源的性能参数

（1）电源标准 　　分为 ATX 标准与 BTX 标准，适用范围不同，BTX 兼容 ATX，比 ATX 的适用范围更广
（2）额定功率 　　也就是标准输出功率，相当于平均输出功率。功率越大可挂接的设备、配件就越多
（3）最大功率 　　就是最大能输出的功率。反映了电源超载的能力

航嘉冷静王 2.3 版
电源标准：ATX
额定功率：300 W
最大功率：320 W

长城四核王
BTX－500S(A)
电源标准：BTX
额定功率：400 W
最大功率：500 W

　　总结：从上面两者的比较，高低立现，长城四核王价格是前者的近 1.6 倍，但在功率方面占据优势。按照 ATX 和 BTX 的标准来考虑，可配送高功率的电源，必然在散热、稳压和材料方面很讲究才能达到标准，因此长城四核王的性价比更高

任务二　选购机箱和电源

优质的机箱和电源，不仅能使计算机稳定地运行，更能延长计算机的寿命。目前市面上选购机箱和电源，有两种方式：一种是机箱和电源是套装式，买回来时就已经完全装好并测试好的（品牌的多是这种套装式的）；一种是 DIY 的，单件购买，再自己安装（个性化更强，也更省钱）。套装式的只要选择优质品牌，有足够资金即可。下面主要讲 DIY 类型的。

计算机组装与维修

1. 选购机箱

（1）机箱的外观和工艺

一款有风格的机箱放在家中是一种品位和个性的彰显。机箱的工艺好坏是安全与稳定的保证。一般观看机箱时，察看箱体漆面，如果均匀、平整、无色差且光洁就是质量较好的；拆开机箱观察箱板边缘和架位，看有没有毛刺和毛边，最后看布局是否合理，如图 4-2 所示。

图 4-2　工艺高的机箱　　　　　　　图 4-3　散热良好的机箱

（2）机箱的散热性能

现在 CPU 都达到双核以上了，计算机加设的配件也越来越多，功耗和热量也越来越大，那么机箱散热性能十分重要，好的机箱是有专门的散热设计的，如图 4-3 所示。

（3）机箱使用的材质

机箱的材质直接反映机箱的质量。目前市面上常见的是普通喷漆钢板、镁铝合金板和镀锌钢板等几种。选择材质时，当然要选购硬度大、耐冲击、耐腐蚀、屏蔽好、抗辐射且不易生锈的。那么推荐选购镁铝合金板和镀锌钢板或以上的档次。

（4）选择品牌机箱

随着机箱的发展日趋完善，品牌机箱也越来越实惠，而且质量保证也越来越好，因此选择品牌机箱较为放心、省力。目前主流品牌有酷冷至尊、爱国者、航嘉、大水牛、金河田、世纪之星和顺达等。

2. 选购电源

（1）了解电源的实际功率

只有足够的功率才能满足计算机的稳定使用。一般从额定功率看，额定功率有 250 W、300 W、400 W 和 500 W 等，要根据计算机设备的负荷功率来选购，一般家庭型的 300 W 就足够使用。

（2）电源的散热情况

电源在工作中发热很大，一个好的电源，就应该散热设计良好，这样可以减低电源过热的可能性以及延长寿命。如：采用 12 厘米的散热风扇，同时添加一个散热片，以及良好的通风口，如图 4-4 所示。

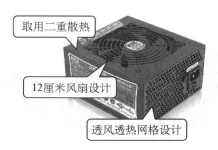

图4-4　散热良好的电源

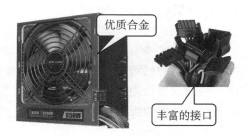

图4-5　钛金系列电源

（3）查看电源的做工材料和工艺

优质的电源，外壳是优质的金属混合材料，分量特别重；而线料则是用铝或铜制作，而且较粗，用于减少电流的损耗；接口丰富，能满足大多数配件的使用；而且电源里的电容摆布整齐有律，焊接完美成一体，如图4-5所示。

（4）噪音低

良好品质的电源都能做到静音动作。

（5）选择品牌

品牌电源，质量把关严格，技术成熟，同时元件标准化，兼容性好。著名品牌有长城、It（Thermaltake）、航嘉、鑫谷、大水牛、金河田等。

任务三　安装机箱和电源

一般购买到的优质机箱都是完整的结构，内部结构也已经定位好，不需要自己组装，不过电源需要另外安装到机箱里。下面按步骤介绍如何安装电源。

 操作步骤

步骤 1　准备工作。准备工具、电源和机箱，如图4-6所示。

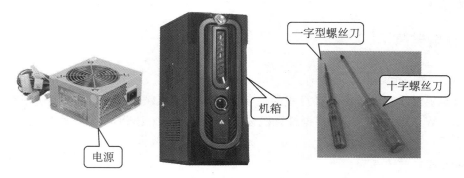

图4-6　准备工具和配件

步骤 2　使用十字螺丝刀拧开机箱"后背"螺丝钉，再按住侧面板凹处或扣位向后拉，卸下侧面板(有些机箱则直接按住扣位拉开,就可以卸下侧面板),如图 4-7 所示。

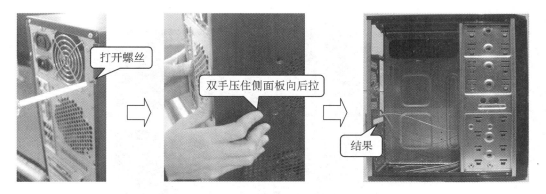

图 4-7 拆开机箱

步骤 3 安装电源到机箱里。将机箱平放在工作台上,再用手固定电源到机箱内,然后再用螺丝钉拧紧,如图 4-8 所示。

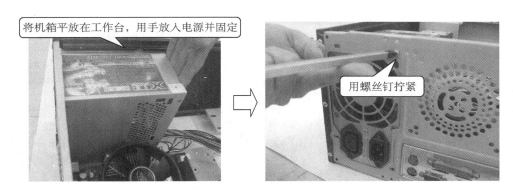

图 4-8 将电源安装到机箱内

任务四 认识显卡

显卡又叫显示适配器(Video Adapter),是计算机处理图形图像的主要设备,负责整个系统中所有图形图像的信息处理,最终将结果输出到显示器。

1. 显卡的结构和性能参数

(1)显卡的结构

显卡的结构如表 4-4 中所示。

(2)显卡的性能参数

显卡的基本性能主要由显卡芯片、显存以及显像、渲染的技术等组合决定,如表 4-5 所示。

表4-4　显卡的结构

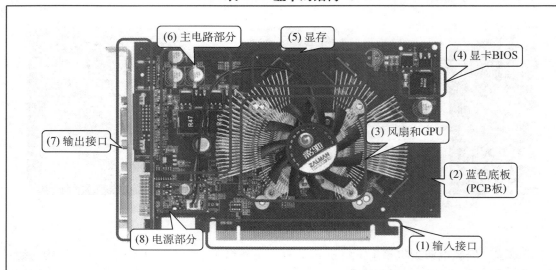

序号	名　称	含　　义
（1）	输入接口	指显卡的输入数据接口,一般称作 PCI 总线
（2）	PCB 板	即显卡的电路板,是把显卡的所有部件连接在一起的关键部分
（3）	GPU（Graphic Processing Unit"图形处理器",功能类似于主板上的 CPU）和风扇	GPU 和风扇一般是配套的。风扇是用作散热的,而 GPU 则是显卡的核心部分,所以也被叫做显卡芯片。GPU 主要是针对系统输入的视频、图形、图像等信息进行处理、构建、渲染等工作。它的性能决定显卡的性能高低。GPU 的主要生产商是 NVIDIA 与 ATI 两家
（4）	显卡 BIOS（类似于主板的 BIOS）	显卡 BIOS 主要用于存放显示芯片与驱动程序之间的控制程序,另外还存有显卡的规格、型号、生产厂家及出厂时间等信息。目前多数显卡都采用了 Flash BIOS,可以通过专用的程序进行改写或升级
（5）	显示内存,简称显存（类似于主板的内存）	英文简称 GDDR2、GDDR3,它的主要功能是暂存 GPU 处理的数据。GPU 的性能愈强,需要的显存就越大,如:256 M、512 M、1 G 等
（6）	主电路部分	指显卡的稳压、整流电路部分,是由电容、稳压线圈等构成的,它们可以稳定电流和电压,并提供安全可靠的电流和电压
（7）	输出接口	指输出数据的接口,包括:VGA 接口、TV OUT 接口和 DVI 接口等
（8）	电源部分	指为显卡提供电源的电路部分,一般带有稳压功能

表 4-5　显卡的性能参数

(1) 显存的参数 　　显存的参数包括:类型、位宽、容量、封装类型、速度、频率
(2) 显卡芯片的参数 　　显卡芯片,即显卡核心的参数,包括:型号、版本级别、开发代号、制造工艺、核心频率
(3) 显像、渲染的技术 　　显像、渲染的技术包括:像素渲染管线、顶点着色引擎数、3D API、RAMDAC 频率及支持MAX 分辨率、SP
　七彩虹 GT240 - GD5 CF 白金版 512 M M50(低端入门版) 显存容量:512 M,显存速度:0.5 ns,显存的频率:3600 MHz,SP 单元:96 个 显存类型:GDDR5,显存封装:MicroBGA/FBGA,RAMDAC 频率:400 MHz 显存位宽:128 Bit,核心频率:550 MHz,3D API:支持 DirectX 10.1
　七彩虹 iGame550Ti 烈焰战神 X - AIR D5 1024 M(高性能版) 显存容量:1024 M,显存速度:0.4 ns,显存的频率:4100 MHz 显存类型:GDDR5,显存封装:MicroBGA/FBGA,RAMDAC 频率:400 MHz 显存位宽:192 Bit,核心频率:900 MHz,3D API:支持 DirectX 11
总结:上述两款显卡,无论是显存、芯片,还是显像、渲染的技术,参数对比后,性能高低立见分晓,不过这是不同档次间产品的比较,如果是同一档次的,就要详细比较参数、测试结果,读者可以自己参详

任务五　认识显示器

　　显示器也叫监视器,属于电脑的 I/O 设备,即输入输出设备。它把计算机处理的数据通过特定的传输设备显示到屏幕上,是人机交流不可缺少的工具。

1. 显示器的类型

　　按工作原理来划分,市面上常见的显示器有 CRT 显示器和 LCD 显示器两类。LCD 就是现在最流行的液晶显示器,它是根据 CRT 的原理,运用新材料,设计出来的新一代显示器。LCD 比 CRT 轻且薄,在功能上包含甚至超越了 CRT 的所有功能,如表 4-6 所示。

表 4-6　显示器的类型

(1) CRT(阴极射线管)显示器 　　工作原理：在一个真空的显像管中由电子枪发出射线激发屏幕上的荧光粉呈现出彩色的光点，然后这些光点再有规律地组成图像。它有纯平与非纯平之分，同时根据尺寸也有 17 英寸、19 英寸等不同类型，体积大且笨重，而且耗电高。不过随着 LCD(液晶)的出现，CRT 显示器开始慢慢淡出市场	
(2) LCD(液晶)显示器 　　LCD (Liquid Crystal Display)为平面超薄的显示设备，它的主要原理是以电流刺激液晶分子产生点、线、面配合背部灯管构成画面。液晶显示器功耗低、体积小，而且显像清晰、分辨率高，目前已经成为显示器的主流，而且随着技术愈加成熟，显像功能越来越好、价格越便宜	

2. 显示器的性能参数

　　由于 CRT 显示器已经开始淡出市场，所以下面性能参数以 LCD 显示器来为例，如表 4-7 所示。

表 4-7　LCD 显示器的性能参数

(1) 分辨率 　　LCD 的分辨率与 CRT 显示器不同，一般不能任意调整，它是由制造商所设置和规定的。同时产品说明所提供的分辨是它的最大分辨率，也是最佳分辨率。在最佳分辨率下观看画质，才是显示器的最佳画质
(2) 刷新率 　　指显示帧频，即每个像素为该频率所刷新的时间，与屏幕扫描速度及避免屏幕闪烁的能力相关。若刷新频率太低，可能会出现屏幕图像闪烁或抖动
(3) 对比度 　　指图像亮区域与暗区域之间的比值。在 CRT 显示器中，对比度并无多大影响。但在 LCD 显示器中，对比度却是衡量其好坏的主要参数之一
(4) 响应时间 　　响应时间愈小愈好，它反映了液晶显示器各像素点对输入信号反应的速度，即液态感光物质由暗转亮或由亮转暗所需的时间。当在 25 ms 以上时，就会出现"拖影"现象
(5) 亮度 　　CRT 显示器中亮度不是一个很重要的性能参数。而在 LCD 显示器中，却是衡量 LCD 显示器好坏的主要参数之一，亮度越高，画面越亮丽、清晰。亮度的单位是 cd/m^2(坎(德拉)每平方米)。亮度与对比度对 LCD 显示器的影响是相互关联的，选择时应尽量平衡考虑
(6) 可视角度 　　指在位于屏幕正面，可以清晰观看屏幕图像的最大角度，分为水平可视角度和垂直可视角度两种。主流 LCD 一般都是 160 度以上

（7）色彩数

市面上所提供的产品色彩数都是指面板最大色彩数,它能反映出 LCD 显示器的色彩还原能力,因此色彩数越大,色彩还原能力越好

明基 G2220HD
分辨率:1920×1080,刷新率:70 Hz 以上,响应时间:5 ms
典型对比度:1000:1,亮度:300 cd/m²
水平可视角度:170 度,垂直可视角度:160 度
面板最大色彩:16.7 M

明基 GL2750
分辨率:1920×1080,刷新率:70 Hz 以上,响应时间:2 ms
典型对比度:1200:1,亮度:300 cd/m²
水平可视角度:178 度,垂直可视角度:178 度
面板最大色彩:16.7 M

总结:从上面两者的比较,可以看出第一款明显劣于第二款,但其价格也相对较低,对比度、响应时间、可视角度的差距其实与价格相对应

任务六　选购显卡和显示器

想看电影、玩游戏,就必然要有显卡和显示器,那么,要怎样才能买到适合自己的显卡和显示器? 读者可以根据下面的内容来选购产品。

1. 选购显卡

想选购满意的显卡,就要多了解显卡的一些相关知识,并学会如何辨别它们间的差别、用料、做工。下面介绍一些选购的技巧。

（1）不同用户的选择

① 游戏、电影玩家一般以选购高性能、优质型显卡为原则。游戏、电影是对显卡要求最高的,如果在玩游戏、看电影时,画质不流畅,甚至"卡屏"或"卡影",会极大影响视听的享受,不过高性能也意味着高价格,尤其是游戏类型显卡,价格更是不便宜。

② 专业设计、图像处理的用户。这种以工作为需求的用户对价格不太敏感,因此,选择稳定、可靠的显卡是首选,那么以接近游戏类型的显卡为较好的选择。因为,能玩得起高画质游戏的显卡进行专业设计、图像处理时都绰绰有余。

③ 学习专用型。只是用来学习、查资料、看书、学软件的用户,一般集成显卡已经应付有余。因为现在的集显性能、技术越来越好,甚至可以和独显一样玩一些网络游戏,而且集显是集成在主板上的,可以节省购买独立显卡的钱。

计算机组装与维修

④ 特别需求的用户。这些用户一般是对视频信号输出有所要求，比如电视台分频显示、数字模拟等，就需要一些有特别输出端口的显卡，比如 S 端子接口显卡，该接口的显卡一般很少见。显卡输出端口一般有 HDMI、DVI、S 端子，我们通常用的显卡以 DVI 接口的居多。

（2）选择显存类型和容量

显存是集成在显卡或主板上的一种存储芯片，它很大程度上决定了显卡的性能，因此显存容量越大，显卡性能相对越好，如：1 G 容量的显存必然比 512 M 的好。目前显存有 GDDR3、GDDR4、GDDR5 三种类型，而按数字递增模式，GDDR5 的运作速度最快。

（3）查看散热设计

好的显卡，性能高，也相对会有高发热量，那么良好的散热系统，是它发挥自己最佳状态的保证。所以，一般优质显卡就有优质的散热设计，如图 4-9 所示。

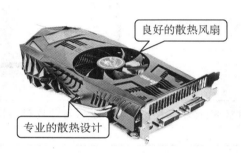

良好的散热风扇

专业的散热设计

4-9 散热品质良好的显卡

板路清晰

布局合理

图 4-10 优质做工的显卡

（4）查看做工和布局

查看电路、电子元件和 PCB 板三者的做工与布局。良好的电路应该有良好的布线、良好的电子元件、良好的载板；好的线路一定线路清晰、有标记、有数字；好的 PCB 板一定有分量、有厚度；好的电子元件一定有参数、有标明，如图 4-10 所示。

2. 选购显示器

现在市面上 LCD（液晶）显示器占有绝对分量，而且价格便宜、质量可靠，下面就以 LCD（液晶）显示器为例介绍如何选购显示器。

（1）选择合适的屏幕尺寸

目前 LCD（液晶）显示器的屏幕大小有 17 英寸、19 英寸、22 英寸、25 英寸及以上的大尺寸。对家庭用户而言，一般用于观看电影、上网、娱乐等方面，当然尺寸越大越好（可以一家人一起观看），推荐 22 英寸以上。对于学习、工作之用的，则选择方便、紧凑型，选择 22 英寸及以下。

（2）信号反应时间

信号反应时间的长短决定了画面是否可以流畅地显示，如：玩 3D 游戏或看影碟时是否出现严重的"重影"或"扫尾"现象。一般要求反应时间在 50 ms 以下。

（3）最大分辨率下观看画质情况

一般产品都会提供一个分辨率数据，而这个分辨率就是最大分辨率，只要设置同样的分辨率,观看对比不同显示器画质的清晰度、细节感,就可以看出一些优劣。

（4）观察屏幕的坏点情况

注意观察屏幕上的亮点或暗点,如:当全黑屏时,就要看有没有亮点;当全白屏时,就要看有没有暗点,一般坏点数量不能超过三个。

（5）选择品牌

LCD(液晶)显示器发展到现在,已经是一个相当成熟的产品,因此成本也不会太高,各品牌厂家的质量都较好,能适合大众购买,而且这些品牌产品都是经过绿色评证,有严格的检测程序。目前,著名的品牌有飞利浦(Philips)、优派(ViewSonic)、玛雅(Maya)、索尼(Sony)、宏基(Acer)、长城(GreatWall)、明基(BenQ)、三星(Samsung)等。

任务七　安装显卡和显示器

安装显卡是指安装独立显卡,因为集成显卡是集成在主板上的,不需要独立安装。目前用户使用的显示器绝大多数都是 LCD(液晶)显示器,所以下面就以安装 LCD(液晶)显示器为例讲述安装步骤。

1. 安装显卡

安装显卡时要严格按照步骤操作,且要小心谨慎。

 操作步骤

步骤 1　移除机箱后壳扩充挡板(与显卡插槽对应的挡板),如:AGP 插口的显卡,如图 4-11 所示。

图 4-11　移除与 AGP 插槽对应的扩充挡板

步骤 2　插入显卡。将显卡的缺口位对准 AGP 插槽的突出部位,小心插入,如图 4-12 所示。

步骤 3　固定显卡。用十字螺丝刀将显卡锁定在机箱内,如图 4-13 所示。

2. 安装显示器

安装显示器很简单,一般看说明书就可以知道大概的安装方法。

图 4-12　对准缺口插入显卡

图 4-13　固定显卡

 操作步骤

步骤 1　组装显示器各部件。从 LCD（液晶）显示器的包装箱中取出屏幕、底座和说明书，并按说明书上的操作组装好显示器，结果如图 4-14 所示。

步骤 2　将显示器接上电源线和信号线。从 LCD（液晶）显示器的包装箱中取出电源线和信号线，接到显示器背后插座上，如图 4-15 所示。

图 4-14　组装显示器

图 4-15　接上电源线和信号线

提醒:通常如何组装显示器各部件,在说明书中都已经说得很清楚,但要注意——在安装显示器的支架时,要对准扣位小心放入,不要用力过大,否则会压断。

步骤3　将显示器和主机连接在一起。将显示器的信号线接到主机的显卡外部插座上,拧紧插头两侧的螺丝,并开机测试连接是否成功,如图 4-16 所示。

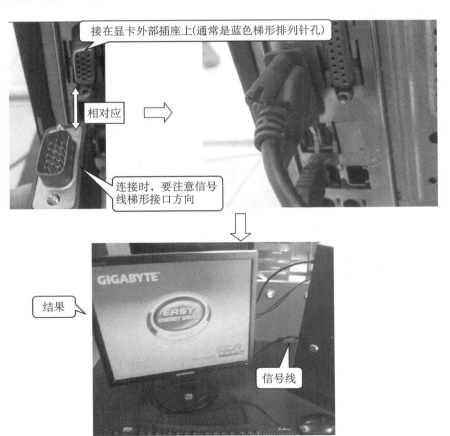

图 4-16　将信号线连接到主机上

课后巩固与强化训练

任务一:将一台计算机的电源和显示器拆出,然后按照本项目内容一一对照它们的组成部分,再将它们组装起来,并写出拆卸和安装时的注意事项。

任务二:将显卡拆出,观察显卡组成部分,再装回去,并写出安装步骤。

项目五　常用外部设备

　　键盘和鼠标是计算机的外部设备,同时也是计算机最主要的输入设备,一套完美的键盘和鼠标能让用户使用计算机时得心应手。其他的常用外部设备还有打印机、扫描仪、摄像头、投影仪等。本项目通过"解剖学"的角度,分步骤学习认识常用的输入设备和外部设备。

『**本项目主要任务**』

　　　　任务一　认识键盘和鼠标
　　　　任务二　选购键盘和鼠标
　　　　任务三　安装键盘和鼠标
　　　　任务四　认识计算机外设
　　　　任务五　安装外设驱动程序

『**本项目学习目标**』

　　●认识计算机的键盘类型和接口
　　●认识计算机的鼠标类型、接口和参数
　　●学会如何安装计算机的键盘和鼠标
　　●学会如何进行键盘和鼠标的日常维护
　　●认识打印机、扫描仪、摄像头、投影仪等外设
　　●学会如何安装计算机常用外设驱动程序

『**本项目相关视频**』

　　　**视 频**	视频文件	有线鼠标和键盘安装.wmv 无线鼠标和键盘安装.wmv

任务一　认识键盘和鼠标

　　键盘是计算机的基本输入设备,以文字输入见长。鼠标是计算机的常用输入设备,使用范围非常广泛,使用鼠标可以大大简化计算机的操作。
　　键盘和鼠标可以套装式购买,也可散件式购买。购买套装时,大家最好选择品牌的,因为它们有完善的保障服务,比如罗技、双飞燕、微软等。不过这些品牌套装的价格不便宜,因此,若用户比较喜欢物美价廉,可以选择购买散件。

1. 键盘的分类和接口方式

市场上的键盘品牌和类型繁多,大家应如何区分它们? 下面将为读者介绍键盘的分类和接口特点。

(1) 键盘的分类

目前,主流键盘按其功能与用途的不同,可以划分为如表 5-1 所示的 3 种类型。

表 5-1　键盘的分类

(1) 标准键盘 　　常用标准键盘根据键数可分为 104 键和 107 键,107 键比 104 键多了睡眠、唤醒和开机的功能键	104键盘　　107键盘　　唤醒、睡眠等功能键
(2) 多媒体键盘 　　在标准键盘的基础上增加播放、快进和后退等功能键,有些还增加了一键上网、快速拨号等功能,主要为用户的爱好提供方便	播放、快进和后退等功能键
(3) 人体工程学键盘 　　是严格参照人体结构学中手部水平放置时最佳角度来设计的一种键盘。使用这种键盘在敲击键盘时,手部用力更自然、合理	分为左、右手键区,并形成一定角度

(2) 键盘的接口

键盘是接在主板上的,根据目前主流主板的接口类型,键盘的接口也相应有两种常用接口,如表 5-2 所示。

表 5-2　键盘接口

(1) PS/2 接口 　　早期的键盘都使用 PS/2,是圆口的七针接口,但已经开始慢慢淡出市场。不过 PS/2 接口有一个好处,就是不占用 USB 接口,从而不干扰其他配件	
(2) USB 接口 　　从 USB 技术发展出来的键盘接口,传输速率较快,使用越来越普遍,将取代 PS/2 接口。USB 是一字形扁口接口,现在一般主板、机箱上都配有该接口	

2. 鼠标的分类和性能参数

市场上的鼠标品牌和类型繁多,大家应如何区分它们? 下面将简要介绍鼠标的分类和性能参数。

(1) 鼠标的分类

从结构上分类,目前市面上有如表 5-3 所示两大类。

表 5-3　鼠标的分类

(1) 光电鼠标	通过发光二极管(LED)和光敏管协作来测量鼠标的位移,一般需要一块专用的光电板将 LED 发出的光束部分反射到光敏接收管,形成高低电平交错的脉冲信号。这种结构鼠标分辨率较高、可靠性大、手感舒适、寿命长。目前这种鼠标的使用很普遍	
(2) 无线鼠标	利用数字、电子、程序语言等原理,内装微型遥控器,以干电池为能源,可以远距离控制光标的移动。由于这种新型无线鼠标与电脑主机之间无需用线连接,操作人员可在一米左右的距离自由遥控,不受角度限制,所以这种鼠标与普通鼠标相比有较明显的优点。目前这种鼠标价格上相对光电鼠标更高一些	

(2) 鼠标的接口

鼠标的接口早期的是串行接口,但目前该种接口的鼠标已经被淘汰,市面上最常见的鼠标接口与键盘的一样,也是 PS/2 和 USB 两种接口。

(3) 鼠标的性能参数

鼠标的性能参数主要就是速度和使用寿命等参数,如表 5-4 所示。

表 5-4　鼠标的性能参数

(1) 分辨率(通常指鼠标的最大分辨率)
鼠标的分辨率是 dpi(每英寸点数),意思是指鼠标移动时,每移动一英寸能准确定位的最大信息数。分辨率是衡量鼠标移动精确度的标准,但又分为硬件分辨率和软件分辨率,硬件分辨率反映鼠标的实际能力,而软件分辨率是指通过软件来模拟出的效果。不过,市面上多数以硬件分辨率为指标,目前主流的鼠标的分辨率都在 800 dpi～5000 dpi 之间
(2) 使用寿命
指使用时间的长短,现在主流是光电鼠标,只要经常清理污垢、合理使用,一般都能用 2 年以上
(3) 响应速度
指的是鼠标的响应率,而响应率是鼠标和操作系统之间的互动指数,也指鼠标报告率,即在一秒钟之内鼠标传送资料给计算机的次数。响应速度越大,反应到操作系统上的光标就越快,单位以 Hz 来计。主流的产品的响应率都在 200 Hz 到 1000 Hz 之间

（4）扫描频率

　　是鼠标的重要参数，它是单位时间的扫描次数，单位为"次/秒"，每秒内扫描的次数越多，可以比较的图像就越多，精度就越高。主流产品的扫描频率都在 6000 次/秒以上

双飞燕 X7 针光赢家鼠 F3
最大分辨率：400/800/1200/1600/3000 dpi 五档切换
平均使用寿命：2 年以上
响应速度（即响应率）：平均 500 Hz，扫描频率：平均 7000 次/秒以上

双飞燕 XL-760H 神定激光东方
最大分辨率：100/600/800/1200/1600/3600 dpi 六档切换
平均使用寿命：2 年以上
响应速度（即响应率）：平均 800 Hz，扫描频率：平均 7000 次/秒以上

　　总结：上述两款鼠标对比后，差别明显，"双飞燕 XL-760H 神定激光东方"的分辨率和响应率相对更高，性能也相对较好，而且价格上也更实惠

3. 键盘和鼠标的日常维护

　　有了好的键盘和鼠标后，也要懂得如何进行维护，延长使用寿命，才能物尽其用。

 操作步骤

步骤1　准备工作。准备两张柔软干布、一包棉签、一瓶专用清洁剂或无水酒精。

步骤2　关机，断开电源。即关闭电脑，断开电源插座，使键盘和鼠标完全切断电源。

步骤3　使用柔软干布抹去键盘和鼠标上的灰尘、污垢等。注意，干布不能掉毛。

步骤4　将另一张柔软干布湿润后（不能过湿、不能有滴水），再认真擦拭表面一次。

步骤5　用专用清洁剂或无水酒精浸润棉签，将键盘和鼠标缝隙内的和难除的污渍全面擦除。注意，动作一定要认真和仔细，因为这个步骤容易擦坏按钮。

步骤6　接通电源测试，看在擦试过程中有没有损坏键盘和鼠标。

任务二　选购键盘和鼠标

　　现在，读者们已经对键盘和鼠标有了一个初步认识，那么，就可以依据这些知识选购一款适合自己的键盘和鼠标了，下面将介绍一些选购的技巧。

1. 键盘的选购

　　① 手感。选择一款键盘时，首先用双手敲打按键几下，由于各人的喜好不一样，有人喜

欢弹性小一点的,有人喜欢弹性大一点的。只有在键盘上操练几下,才知道是否适合自己的喜好。另外,注意键盘在使用一段时间后,弹性会逐渐变差。

② 按键数目。如果是设计工作者,标准键104键已经基本上能满足设计需要,而104键以上的键盘增加了一些快捷功能键,主要针对有功能偏好的人设计的,比如一键上网、一键关机等。

③ 质量。"窥一斑而见全豹",通过观察一些细节就可以看出其质量如何,如:键盘上的字迹:激光雕刻的字迹耐磨,印刷上的字迹易脱落。将键盘放到眼前平视,你会发现印刷的按键字符有凸凹感,而激光雕刻的字符则比较平整。

④ 服务。品牌的键盘一般有完善的售后服务,如:一年质保或一月包换,要注意的是这些服务都是以保修卡作凭证的,因此,一般购买键盘时,都会得到一张标明日期的售后服务卡或质量保证卡。

⑤ 价格。要根据自己的需求和经济能力选择产品,经济实力雄厚的可以选择罗技、微软等高档产品,但如果是学生,只要质量过得去,中低档的即可,如:双飞燕、宏基、LG 等。价格可以从网上查阅,如:中关村在线、太平洋电脑城等硬件资讯网站。

2. 鼠标的选购

(1) 不同用户的选购

① 经常网上冲浪、阅读电子书或写作的朋友,选择有滚轮功能的鼠标比较适合。

② 经常进行 CAD 设计、三维图像处理的用户,则最好选择专业光电鼠标或者多键、带滚轮、可定义宏命令的鼠标,这种高级的鼠标可以带来更高的工作效率。

③ 如果工作环境比较杂乱,可以选择无线鼠标,无线鼠标的价格也在日趋便宜。一般家庭用户对于品牌、解析度方面要求不高,无线鼠标就可以满足日常的工作需要。这类鼠标的价格一般为30元至100元左右,建议该类型用户可以不必追求功能多、价格高的产品。

④ 如果是游戏爱好者,则需要选择高性能(高分辨率、快速响应)的鼠标,因为游戏对计算机硬件的要求很高,如:雷蛇游戏鼠标系列,性能好价格也高,所以用户还要考虑自己的经济实力来选购。

(2) 鼠标接口选择

鼠标一般有两种接口类型:PS/2 和 USB(无线鼠标就不需要考虑接口的问题了)。PS/2接口类型的鼠标有两个好处:第一,避免占用 USB 接口,因为现在外设很多,多数都需要占用USB 接口;第二,可以避免鼠标与声卡、网卡等设备发出的中断请求(IRQ)和中断地址产生冲突,导致鼠标不能正常工作。笔记本用户则选择 USB 接口更加方便,可随时移动并即插即用。

(3) 手感

如果经常使用计算机,鼠标手感的好坏就显得非常重要了。如果鼠标设计有缺陷,长时间使用就会感到手指僵硬、难以自由舒展,同时腕关节会经常有疲劳感,这必然对手部关节和肌肉有损伤。一款好的鼠标应该是具有人体工程学原理设计的外形,握时感觉舒适、体贴,按键轻松而有弹性。用户可通过试用来衡量一款鼠标手感的好坏:注意手握时感觉是否轻松、舒适且与手掌面贴合,按键是否轻松且有弹性,移动是否流畅。

（4）售后服务

好的厂商都应该提供一年以上的质保服务，对用户所提出的各种问题都能认真回复，能够解决用户所提出的技术问题，并保证用户能方便地退换。比如，有的鼠标生产厂商保证300万次以上的按键次数和300公里以上的移动距离，提供一至三年的质量保证，随时免费调换；而一般的鼠标厂商仅提供三个月的质保期。

（5）鼠标的驱动软件

真材实用的鼠标应附有足够的驱动程序、辅助软件，使鼠标性能得到充分发挥。不过有些品牌并不主动提供这些服务，用户需要从它提供的官网上输入代码下载专用驱动软件。

任务三　安装键盘和鼠标

当出现无线键盘、无线鼠标后，安装键盘和鼠标就分出两种情况安装：一种是有线键盘、有线鼠标的安装方法，另一种是无线键盘、无线鼠标的安装方法。下面将讲述这两种安装方法。

1. 安装有线的键盘和鼠标

安装有线的键盘和鼠标，关键在于接口要一一对应。

 操作步骤

步骤 1　查看键盘和鼠标的接口，如图 5-1 所示。

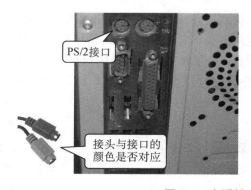

图 5-1　查看键盘和鼠标的接口

步骤 2　将键盘和鼠标安装到计算机上，如图 5-2 所示。

2. 安装无线的键盘和鼠标

所谓"无线"，即没有电线连接，而是采用干电池无线遥控（如：小孩子玩的无线遥控车）。无线键盘和无线鼠标就是采用这种方式实行无线控制的。一般它们会配备无线接收器和干电池。因此，在安装方面无线的键盘和鼠标比有线的麻烦一点。下面介绍它们的安装。

图 5-2　连接键盘和鼠标

操作步骤

步骤1　准备好配件。放置好无线键盘、无线鼠标、无线接收器、USB 连接线和干电池，如图 5-3 所示。

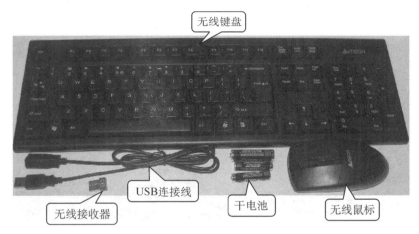

无线键盘

USB连接线

无线接收器

干电池

无线鼠标

图 5-3 放置好安装配件

步骤2　为无线鼠标和无线键盘装上干电池，如图 5-4 所示。

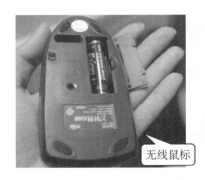

无线键盘

无线鼠标

图 5-4　装上干电池

步骤3　将无线接收器插到 USB 连接线上，如图 5-5 所示。

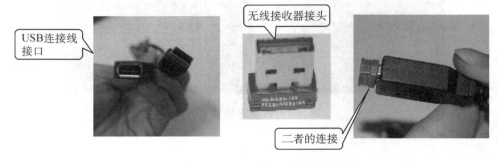

图 5-5　将无线接收器插入 USB 连接线

步骤4　将 USB 连接线另一端的 USB 接头，连接到主机的 USB 接口上，如图 5-6 所示。

图 5-6　将 USB 连接线接到主机上

步骤5　开启无线鼠标的开关，进行无线对接，即完成无线鼠标和键盘的安装，如图 5-7 所示。之后，可以对鼠标和键盘进行测试。

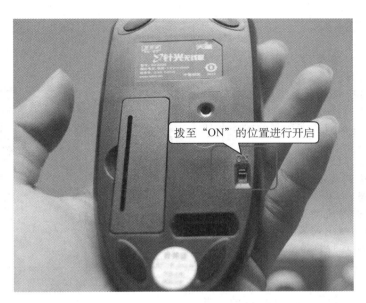

图 5-7　打开鼠标开关

任务四　认识计算机外设

随着科技的发展,计算机的外部设备越来越多,如:常见的打印机、扫描仪、摄像头、投影仪等。每一样外设都有着专门性的用途,本任务将逐一讲解几个常用的外设,让读者对计算机外设有所了解。

1. 认识打印机

打印机,顾名思义就是用来打印的,在我们工作中会经常用到打印机,比如打印设计图、图片、广告。下面将详细介绍打印机。

（1）打印机的种类

打印机根据工作原理大致分为四类,如表 5-5 所示。

表 5-5　打印机的种类

（1）针式打印机	
通过打印针来进行工作,当接到打印命令时,打印针向外撞击色带,将色带的墨迹打印到纸上。其优点是结构简单、耗材省、维护费用低、可打印多层介质（如:银行的多联单据）;缺点是噪声大、分辨率低、体积较大、打印速度慢、打印针易折断	

计算机组装与维修

（2）喷墨打印机 　　喷墨打印机按喷墨形式可分为液态喷墨和固态喷墨两种： 　　液态喷墨打印机是让墨水通过细喷嘴，在强电场作用下将墨水束高速喷出在纸上形成文字和图像，我们平常所说的喷墨打印机均为液态喷墨打印机 　　固态喷墨是 TEKTRONIX（泰克）公司1991 年推出的专利技术，它所使用的相变墨在室温下是固态，打印时墨被加热液化，之后喷射到纸上，并渗透其中，附着性相当好，色彩也极为鲜亮，打印效果有时甚至超过热蜡式打印机，只不过价格昂贵	  **液态喷墨打印机**　　　**固态喷墨打印机**
（3）激光打印机 　　是利用电子成像技术进行打印的。当调制激光束在硒鼓上沿轴向进行扫描时，按点阵组字的原理，使鼓面感光，构成负电荷阴影，当鼓面经过带正电的墨粉时，感光部分就吸附上墨粉，然后将墨粉转印到纸上，纸上的墨粉经加热熔化形成永久性的字符和图形	
（4）其他打印机 　　除以上三种常见的打印机之外，还有热蜡式、热升华式、染料扩散式打印机。这三种打印机输出质量都非常好，但成本高、速度慢，主要用于出版、制作精美画册、广告和美工等有高档彩色输出的场合，一般情况下很少见到	

　　（2）打印机的性能参数

　　打印机的性能参数如表 5-6 所示。

表 5-6　打印机的性能参数

（1）打印速度 　　指单位时间里能打印多少页（或行、字等），简称 PPM。商业用途的打印机比较注重这个参数，因为对效率的要求很高。打印速度越大，效率越高，作为打印机的一个指标参数，用户一定要参详清楚
（2）打印质量（一般指的是分辨率） 　　指单位长度能打印的最多点数，简称 dpi。分辨率一般最低 180 dpi（一般是针式打印机），最高可达 2880 dpi 或更高，现时打印机都能达到 1200 dpi 上。分辨率越高，打印质量越好。但分辨越高，色彩要求也会越高，成本也会成倍提高

（3）打印成本

　　指相同打印任务下耗损的成本。如：所用的纸张、墨盒或者墨水的价格，或者功耗，以及打印机自身的购买价格等。打印机是长时间使用的，必然要考虑节约打印成本，尤其是商业用途的打印机。如果主要用于黑色打印，就要考虑打印机是否配备黑色墨盒、墨粉等，否则，若通过彩色墨盒、墨粉调配产生黑色，会大大增加打印成本

（4）打印幅面

　　指的是打印机所能容纳的纸张尺寸。家庭、私人用的一般尺寸在 A3 以下，但工作、广告、商业方面用的都在 A3 以上的，如：A0、A1、A2 或更大的

（5）打印色彩

　　指的是最多能打印的色彩数目。其实这同样反映了打印机安装的墨盒数，因为，彩色墨盒越多才能调配越多的颜色。目前市面上就有 3 色墨盒、4 色墨盒、6 色墨盒等打印机，彩色墨盒数越多，调配的色彩数目就越多，图片色彩就越丰富。不过，一般只有在对图片处理、广告表达上有特殊需求的用户才会非常注重色彩，因为墨盒数越多，成本越大，一般用户 3 色以内就可以

佳能 iP2788
打印速度：黑白＝7 ipm，彩色＝4 ipm；分辨率：4800×1200 dpi
打印成本：支持手动双面打印，打印输出功率 11 W；打印幅面：A4 及 A4 以内
打印色彩：彩色，使用 4 色墨盒

佳能 PIXMA iP4880
打印速度：黑白＝11 ipm，彩色＝9.3 ipm；分辨率：9600×2400 dpi
打印成本：支持自动双面打印，打印输出功率 17 W；打印幅面：A4 及 A4 以内
打印色彩：彩色，使用 5 色墨盒

　　总结：从上述两者的性能指标参数看，佳能 iP2788 有比较高的性价比，虽然在打印速度和分辨率上比不上佳能 PIXMA iP4880，但其成本远低于后者（近 1/5 价格），一般用户都以普通打印为主，不需要那么高的分辨率，分辨越高成本越高，而且打印速度一般在 4 ipm 上就足够了

2. 认识扫描仪

　　扫描仪是图像信号输入设备。它对原稿件进行光学扫描，然后通过光电转换器将光学图像转为模拟电信号，又将模拟电信号转为数字电信号，再通过计算机接口传送到计算机。扫描仪在工作中应用很广泛，除用于图形图像处理、桌面排版外，还可以制作照片、文件归档、传真等。下面就详细介绍扫描仪的相关知识。

　　（1）扫描仪的类型

　　根据工作原理可划分为如下的类型，如表 5-7 所示。

表 5-7　扫描仪的类型

（1）平台式扫描仪（平板式扫描仪） 　　最常见的一种扫描仪，它的扫描区域是一块透明玻璃。幅面有限制，一般在 A3 以内。扫描时原稿件不动，光源通过扫描仪的传动机构作水平移动。可以扫描（规定幅面内）平面物体，也可以扫描较小的三维物体	
（2）专业滚筒扫描仪 　　是由一套以光电系统为核心，通过滚筒的旋转带动扫描件的运动从而完成扫描工作。优点是处理幅面大、精度高、速度快。一般是专业彩印公司才会使用	
（3）胶片扫描仪 　　是专门针对胶片特性而设计的，像幻灯片机一样，通过光穿透胶片来成像，再将这种像转化为电信号输入计算机。扫描精度高、扫描区域较小，这种仪器一般只在专业领域才使用，如：医院、高档影楼、科研所等	
（4）手持扫描仪 　　是最低档的扫描仪，外观上像鼠标。用手拿着仪器，将扫描头对准目标，然后通过反射式扫描，将光学信号转换为计算机需要的数字信号输入计算机。分辨率低、扫描区域小，一般在超市里用来扫描条形码	

（2）扫描仪的性能参数

扫描仪的性能参数大致如表 5-8 所示。

表 5-8　扫描仪的性能参数

（1）分辨率 　　前面几个硬件都有讲到该参数，就是指 dpi（每英寸多少点）值。值越高，扫描就越精细，扫描出来的图像品质就越高，不过扫描速度就相对降低
（2）扫描幅面 　　指的是所能扫描的物件的大小，如：A0、A1 等。扫描幅面越大，所能扫描的物件就越大，但扫描仪的价格也随之升高
（3）色彩深度 　　色彩深度也称色彩位数，表示扫描仪所能辨析色彩的范围。通常它越高，越能反映出被扫描件的真实色彩

（4）灰度级 　　表示图像的亮度层次范围。级数越多,扫描的图像亮度范围越大、层次越丰富

扫描仪 Scan jet G2410 分辨率:1200 dpi×1200 dpi 扫描幅面:A4,色彩深度:48 灰度级:256 级以上	扫描仪 Cano Scan 9000F 分辨率:9600 dpi×9600 dpi 扫描幅面:A4,色彩深度:48 灰度级:256 级以上

总结:从上述两者的性能指标对比来看,Scan jet G2410 性价比更强,主要因为,现在的扫描仪一般都能达到高色彩方面的要求,而分辨率方面也能达到 1200 dpi,而那些更高分辨的扫描通常只有专业行业或科研领域才用得上,且其价格也只有后者近 1/4 的价格

3. 认识摄像头

　　视频会议、视频聊天和视频监控都要用到摄像头。摄像头的成像原理与数码相机相同,都是使用镜头、光圈等成像系统聚焦图像,再将图像聚焦到 CCD 或 CMOS 图像传感器(半导体芯片)上,然后通过扫描产生电子模拟信号,再经过 A/D(模/数)转换成电子数字信号,最后以数字文件形式保存在计算机硬盘或其他存储介质上,并在网络上进行传送。下面详细介绍摄像头相关知识。

　　（1）认识摄像头类型

　　目前,市面上的摄像头根据其成像元件分为两类,如表 5-9 所示。

表 5-9　摄像头的类型

（1）CCD 镜头摄像头 　　CCD 是电荷耦合器件(Charge Coupled Device)的简称,它能够将光线变为电荷并将电荷存储及转移,也可将存储的电荷取出使电压发生变化,因此是理想的摄像机元件,由其构成的 CCD 摄像机具有体积小、重量轻、不受磁场影响、具有抗震和抗撞击之特性,因而得到广泛应用。CCD 大多应用在一些高端视频产品中	
（2）CMOS 镜头摄像头 　　CMOS 英文全称为 Complementary Metal-Oxide Semiconductor,即互补性氧化金属半导体。主要是利用硅元素做成的半导体,使其在 CMOS 上共存着带 N(带负电荷)级和 P(带正电荷)级的半导体,两者互补效应所产生的电流可被芯片记录并解读成影像信息。CMOS 大多应用在一些低端视频产品中	

　　（2）摄像头的性能参数

　　摄像头的性能参数大致如表 5-10 所示。

表 5-10 摄像头的性能参数

(1) 像素值
像素值是衡量摄像头图像质量的一个重要指标,也是判断一款摄像头性能优劣的主要依据。像素值越高,就意味着其产品的解析图像能力越强
(2) 分辨率
是衡量摄像头图像质量的一个重要指标,指单位长度里扫描多少点,分辨率越高意味着解析图像越清晰
(3) 视频捕获速度
指 1 秒钟内传输的图片帧数,简称 FPS (Frames Per Second:帧/秒),这个与解析度相反,视频捕获速度越快,解析度越低。一般达到 30 FPS 就可以了

罗技 C170 摄像头
像素:500 万
分辨率:2560×1920 dpi
视频捕获速度:30 FPS

谷客 E8 摄像头
像素:1200 万
分辨率:640×480 dpi
视频捕获速度:60 FPS

    总结:从上述两者的性能指标对比来看,罗技 C170 摄像头的性价比更高,对于一般用途,500 万像素已经足够了,再加上高分辨率和 30 FPS 的视频捕获速度,基本上可以满足大众需求,且其价格也低于后者

4. 认识投影仪

    投影仪又称投影机,以精确的放大倍率将物体放大投影在投影屏上,并能测定物体形状、尺寸的仪器。下面详细介绍投影仪的相关知识。

    (1) 投影仪的类型

    按应用环境可分为五类,如表 5-11 所示。

表 5-11 投影仪类型

(1) 教育、会议型投影仪 一般应用于学校和企业,采用主流的分辨率,亮度在 2000～3000 流明左右,重量适中、散热和防尘好,适合安装和短距移动,功能接口丰富,容易维护,性价比很高,适合大批量采购、普及使用	
(2) 家庭影院型 主要针对视频方面进行了优化处理,其特点是亮度都在 1000 流明左右,对比度较高,投影的画面宽高比多为 16:9,各种视频端口齐全,适合播放电影和高清晰电视,而且重量轻、体积小,便于携带,适合于家庭用户或商业移动宣传使用	

（3）主流工程型投影仪 　　相比主流的普通投影仪,工程型投影仪的投影面积更大、距离更远、光亮度很高,而且一般还支持多灯泡模式,能更好地应付大型多变的安装环境,对于教育、媒体和政府等领域都很适用	
（4）测量投影仪 　　主要是将产品零件通过光的透射形成放大的投影仪,然后用标准胶片或光栅尺等确定产品的尺寸。随着工业化发展的需要,这种仪器已经成为制造业最常用的检测仪器之一	
（5）专业剧院型投影仪 　　这类投影仪注重稳定性,强调低故障率,其散热性能、网络功能、使用的便捷性等方面做得很强。其最主要特点是高亮度,一般可达5000流明以上,甚至可超10000流明。由于体积庞大,重量重,通常在专业领域中使用,如:剧院、大会堂、博物馆、公共区域、大型指挥中心等	

（2）投影仪的性能参数

投影仪的性能参数决定了它的作用效果,如表5-12所示。

表5-12　投影仪的性能参数

（1）亮度	指投影仪的光度,单位是"ASNI"流明,是一个重要参数指标,越暗的场合对亮度的要求越高,用户可根据环境选择
（2）对比度	指最亮与最暗的区域对比,是另一个重要指标,该值越大投影出来的图像越清晰
（3）标准分辨率	指投影仪投出图像的原始分辨率,也叫物理分辨率,该值越大投影出来的图像也越清晰
（4）最高分辨率	指投影仪最大能接受的比标准分辨率大的分辨率,通过压缩算法将投影信号压缩投出。分辨率越高,投影显示的影像越清晰
（5）灯泡的寿命	指投影仪的灯泡使用时间长短。这个在耗材方面要注意考虑
（6）整机功率	整部投影仪的整体输出功率。从经济角度考虑,当然功率越低,能耗就越少
	明基 MS614 亮度:2700 流明,对比度 5000:1,标准分辨率:800×600 最高分辨率:1600×1200,灯泡寿命:3500 小时,整机功率:298 W

爱普生 EB－C2020XN
亮度：2600 流明，对比度 2000∶1，标准分辨率：1024×768
最高分辨率：1600×1200，灯泡寿命：5000 小时，整机功率：200 W

　　总结：从上述两者比较可以看出，明基 MS614 在性能和价格上比较实惠（不到后者价格的 1/5），但如果从耐用性上，不及爱普生 EB－C2020XN，因为爱普生 EB－C2020XN 灯泡寿命、功率和亮度方面都相对考虑到了使用的持久性。其实亮度越高，功耗也越大，发热量就会增大，从而使灯泡和整机损耗加大

任务五　安装外设驱动程序

　　每添加一件外设，一般情况都要安装该外设的驱动程序，才可以使用，因此本任务是教大家如何安装外设驱动程序，如：打印机、扫描仪、摄像头。其实安装驱动程序的过程都是大同小异，只要双击驱动程序安装文件，启动安装，按照提示操作即可自动完成驱动程序安装。

1. 设备驱动程序的来源和安装流程

（1）设备驱动程序的来源

　　设备驱动程序有三种来源：一种是设备附带的光盘，一种是操作系统本身带有的驱动程序，一种是从网上下载的驱动程序。通常附带的光盘驱动程序是最合适的，操作系统自带的次之，网上下载则多数只是用来更新。

（2）设备驱动程序的安装流程

　　设备驱动程序的安装流程一般如图 5-8 所示。

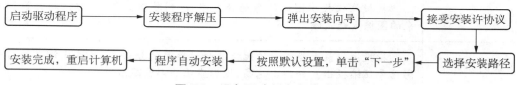

图 5-8　设备驱动程序安装流程

2. 安装打印机驱动程序

　　下面以安装 Cano2000 打印机的驱动程序为例讲述驱动程序的安装。

 操作步骤

　　步骤 1　启动安装程序。将安装程序光盘放入光驱，打开光碟内容，双击安装程序文件，如图 5-9 所示。

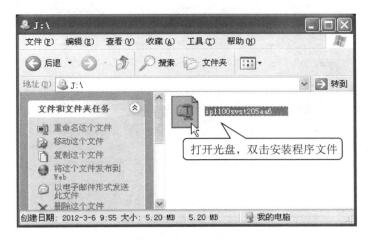

图 5-9　启动安装程序

提醒：安装程序文件一般是带图标的执行文件以".exe"为后缀。

步骤 2　等待安装程序解压文件，等待时间一般为 10 秒左右，如图 5-10 所示。

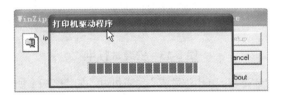

图 5-10　安装程序解压文件

步骤 3　弹出安装向导界面，按要求单击"下一步"，如图 5-11 所示。

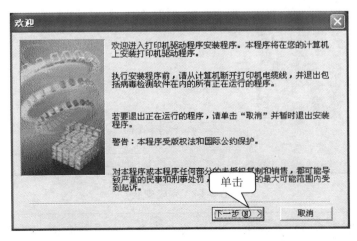

图 5-11　弹出安装向导

步骤 4　弹出许可协议，单击"是"，接受协议，如图 5-12 所示。

计算机组装与维修

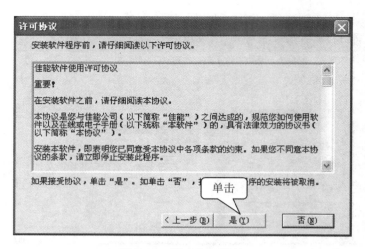

图 5-12　弹出许可协议

步骤 5　安全程序自动安装，如图 5-13 所示。

图 5-13　安装进行中

步骤 6　安装程序完成安装，单击"完成"按钮即可，如图 5-14 所示。

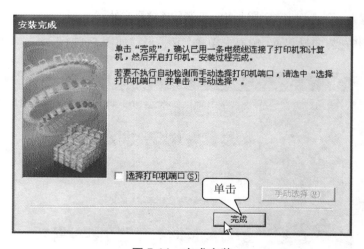

图 5-14　完成安装

> 提醒：如果需要手动设置打印机端口，安装向导上一般都有该选项供用户选择，只要根据自己的打印类型选择单击即可，不过通常都是默认安装最简单合适。

步骤 7　重启计算机。一般驱动程序安装完成后,最好重启一下计算机,这样能使系统根据新驱动重新导入程序,调整资源分配,令系统更稳定。

3. 安装扫描仪驱动程序

下面以安装 SCN5560DRV 扫描仪的驱动程序为例来讲述安装过程。

 操作步骤

步骤 1　启动安装程序。将安装程序光盘放入光驱,打开光碟内容,双击安装程序文件,如图 5-15 所示。

图 5-15　启动安装程序

步骤 2　弹出安装语言选择对话框,选择"中文(简体)"安装语言,单击"下一步",如图 5-16所示。

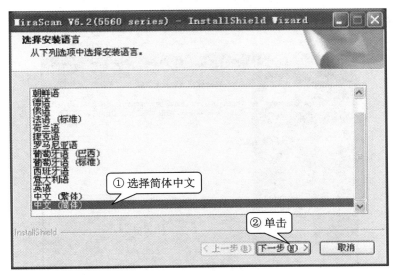

图 5-16　安装语言选择

提醒：安装语言按照需求来选择，一般品牌设备的驱动程序都会提供多国语言选择和支持，主要因为其产品在世界很多国家中都有使用。

步骤3 进入安装向导界面，按要求单击"下一步"，如图 5-17 所示。

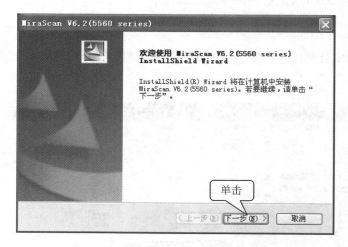

图 5-17 弹出安装向导

步骤4 安装程序自动安装，如图 5-18 所示。

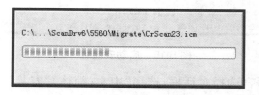

图 5-18 安装进行中

步骤5 安装程序完成后，单击"完成"按钮结束安装，如图 5-19 所示。

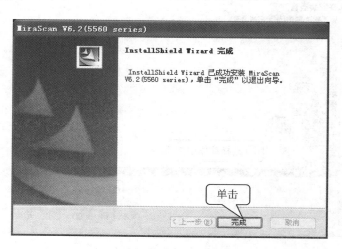

图 5-19 完成安装

计算机组装与维修

步骤6 重启计算机。

4. 安装摄像头驱动程序

一般情况下，自 Windows XP 系统以来，都会自带普通摄像头的驱动程序。只有特殊类型的摄像头才需要它自身附带的光盘来安装驱动程序，安装步骤如下面所示。

操作步骤

步骤1 先将摄像头连接到计算机，此时，系统弹出"找到新的硬件向导"对话框，根据提示，单击"下一步"，如图 5-20 所示。

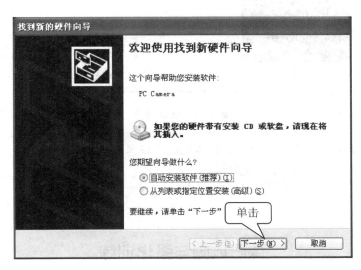

图 5-20 找到新的硬件向导

步骤2 "找到新的硬件向导"进入自动安装过程，如图 5-21 所示。

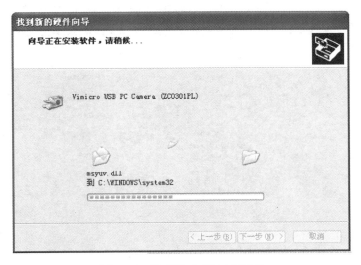

图 5-21 搜索和安装驱动程序

步骤 3 自动安装完成后，单击"完成"退出安装，如图 5-22 所示。

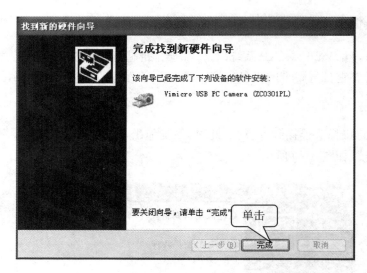

图 5-22 安装完成

> **提醒**：安装摄像头的驱动程序后，若想测试下摄像头，可双击"我的电脑"就可以看到摄像头图标，再双击该图标，即可使用摄像头。

课后巩固与强化训练

任务一：按照项目的要求认识各类外设，并将它们一一安装到计算机上。

任务二：参照安装顺序，拆卸计算机零部件，并写出拆卸的注意事项。

计算机组装与维修

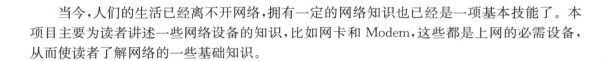

项目六　网络设备

当今,人们的生活已经离不开网络,拥有一定的网络知识也已经是一项基本技能了。本项目主要为读者讲述一些网络设备的知识,比如网卡和 Modem,这些都是上网的必需设备,从而使读者了解网络的一些基础知识。

『**本项目主要任务**』
　　任务一　认识网络设备
　　任务二　选购网卡和 Modem
　　任务三　安装网卡和 Modem
　　任务四　网络连接和设置

『**本项目学习目标**』
　　● 认识网卡和 Modem
　　● 知道如何选购网卡和 Modem
　　● 知道如何安装网卡和 Modem

『**本项目相关视频**』

视　频	视频文件	网卡安装.wmv、ADSL Modem 安装.wmv

任务一　认识网络设备

相信现代都市人都会上网冲浪,但是关于计算机需要通过哪些设备才可以上网,很多人就不太清楚了。网络设备一般有网卡、Modem、路由器、服务器和集线器等,其中最常见的就是网卡和 Modem,本任务就以网卡和 Modem 为例向读者介绍网络设备的基础知识。

1. 认识网卡

计算机与外界网络的连接是靠一块网络接口板,这块接口板又称为通信适配器或网络适配器(Adapter)或网络接口卡 NIC(Network Interface Card),简称网卡。

（1）网卡的分类

根据面向的工作对象不同,网卡可分为以下几种类型,如表 6-1 所示。

计算机组装与维修

表 6-1　网卡分类

(1) 服务专用网卡 　是针对服务器运作的网络而设计的网卡,自带控制芯片和专用软件,能够很好地降低服务器的负荷,从而提高服务性能,而且产品稳定、可靠,不过价格不便宜,普通用户一般无需用到该类型的网卡	
(2) 笔记本专用网卡 　是为了笔记本电脑上网而专门设计的。体积小、集几种功能为一体,一般称作 PCMIA 卡。这种卡便于携带、移动并适用于多种网络	
(3) PC 网卡 　PC 网卡价格低廉,工作稳定,兼容性好,是市面上最常见的网卡,因此俗称"兼容网卡"。平时家庭上网所用的网卡就是这种卡	
(4) 无线网卡 　随着无线网络技术的发展,无线上网已经成为未来的趋势,费用也越来越实惠,而无线网卡就是专门针对无线网络连接而设计的。通常无线网卡有 PCMCIA 接口、USB 接口、Express34 接口、Express54 接口、CF 接口等几类型,不过USB 接口的无线网卡,是目前最常见的	

(2) 网卡的外部接口类型

　无线网络还未广泛普及,因此下面主要讲述有线网络的类型,由于网络中传输介质不同,使得网卡的网络接口也有多种类型,如表 6-2 所示。

表 6-2　网卡的外部接口类型

(1) BNC 接口(细缆接口) 　BNC(基本网卡)接口是 10Base2 的接头,即同轴细缆接头。可以隔绝视频输入信号,使信号相互间干扰减少,且信号带宽要比普通 15 针的 D 型接口大,可达到更佳的信号响应效果	
(2) AUI 接口(粗缆接口) 　AUI 端口是一种"D"型 15 针接口,是用来与粗同轴电缆连接的接口,这在令牌环网或总线型网络中是比较常见的端口之一	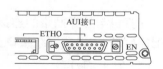

计算机组装与维修

（3）RJ-45 接口（双绞线接口） 　　RJ-45 接口是我们最常见的接口，它的主要作用是将电脑连接到电话线上，然后通过电话线进入以太网。其实它就是我们在家里上网常用的网卡接口	
（4）FDDI 接口（光纤分布数据接口） 　　是为了在 FDDI 网络中使用的，这种网络具有 100 Mbps 的带宽，它使用的传输介质是光纤。随着高速以太网的出现，它的速度优越性已不复存在，同时，它又必须采用昂贵的光纤作为传输介质，所以现在已经非常少见	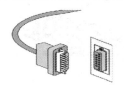
（5）ATM 接口（异步传输模式接口） 　　这种接口类型的网卡是应用于 ATM（异步传输模式）光纤（或双绞线）网络中。它能提供的物理传输速度达155 Mbps。由于它是应对高速传输网络来设计的，这种接口一般用在服务器领域或主干网络，普通客户很少用到	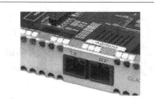

　　（3）网卡的性能参数

　　一个性能好的网卡，对于经常和网络"打交道"的现代人非常重要，如下几个参数决定了它的性能，如表 6-3 所示。

表 6-3　网卡的性能参数

（1）传输速率（即传输带宽） 　　指网卡每秒钟的数据传输量，这个一般也指最大传输速率，它是网卡最主要的性能指标，现在的网卡一般传输速率都能达到 100 Mb/s，甚至达到 1000 Mb/s。有的网卡还带有智能功能，能根据不同网络流量自动调节速率（带宽），可在 10 Mb/s 到 100 Mb/s 或 1000 Mb/s 之间调节
（2）是否全双工模式 　　指的是既能发送数据，同时又能接收数据。采用双向同时工作的模式能提高传输交换效率
（3）是否支持远程唤醒功能 　　指的是能够通过远程网络启动网卡，然后再通过网卡启动计算机的功能，这种实现远程控制的功能就是远程唤醒功能
（4）操作系统 　　指网卡所能适应的安装系统，反映了网卡的适应性，如：Windows XP 或 Linux 系统
（5）覆盖范围（即无线网卡的主要参数） 　　它是无线网卡的一个主要性能参数，指的是无线网卡能覆盖多大的范围（在这个范围内可以通过它上网），如：室内 300 米范围、室外 500 米范围可以接收上网

TP-LINK TF-3239DL(有线网卡)
传输速率:10/100 Mbps;功能:支持远程唤醒功能;
支持的操作系统:Windows 系列、Linux、Netware 和 UNIX 等;
是否全双开工模式:全双工,兼容全双工和半双工

英特尔 EXPI9301CT(有线网卡)
传输速率:10/100/1000 Mbps;功能:支持远程唤醒功能;
支持的操作系统:Windows 系列、Linux、Netware 和 UNIX 等;
是否全双开工模式:全双工,兼容全双工和半双工

TP-LINK TL-WN821N(无线网卡)
传输速率:300 Mbps;覆盖范围:室内 100 米,室外 300 米;
支持远程唤醒功能;支持的操作系统:Windows 系列、Linux、Netware 和 UNIX
等;是否全双开工模式:全双工,兼容全双工和半双工

　　总结:三者参数比较,有线网卡与无线网卡都首先看重传输速率参数的差别,其他性能参数都很成熟,只是无线网卡附加了一些性能,相对于有线网络有了更深一步发展

2. 认识 Modem

　　Modem 指的是调制解调器,是一种计算机硬件,它能把计算机的数字信号翻译成电话线传输的脉冲信号,同时又能接收这种信号翻译成计算机语言传输给计算机。其实我们家庭宽带(ADSL 拨号上网)上网所用的连接器,就是 Modem,俗称"猫"。

　　(1)Modem 的分类

　　根据 Modem 的安装方式划分,Modem 分为外置式 Modem 和内置式 Modem,如表 6-4所示。

表 6-4　Modem 的类型

(1) 外置式 Modem 　　指 Modem 放于机箱外,通过 USB 接口、串行接口等与主机连接,最终实现上网连接。其实就是 Modem 充当主机与网络的外部连接桥梁。外置式 Modem 安装简单、易用,且指示灯能显示工作状态	
(2) 内置式 Modem 　　指 Modem 放于机箱内安装,和显卡一样都插于主板的卡槽上,由主板提供电源分配。由于接于主板的扩展槽上,一般都要进行参数设置、驱动安装,步骤比较繁琐,但价格上比外置式的便宜	

（2）Modem 的性能参数

随着网络技术的飞速发展，Modem 技术也相当成熟，其性能参数主要包括速率、兼容性、传输距离和附加功能，如表 6-5 所示。

表 6-5　Modem 的性能参数

（1）速率 　　指 Modem 每秒内传输的数据流量，它包括上传和下载，通常也指 Modem 的最大速率，单位为 bps（比特/秒）。由于现在多数采用 ADSL 上网模式，是非对称传输模式，因此，主流 Modem 速率分成上行和下行速率，即上传数据流量和下载数据流量，现在一般上行速率为 512 Kbps 或 1 Mbps 等，下行速率为 1 Mbps 或 8 Mbps 等
（2）兼容性 　　指 Modem 能否支持多种网络协议、兼容多种标准、多种操作系统，如：支持 TCP/IP、NetBEUI、IPX/SPX 协议等，支持 ADSL、ADSL2、ADSL2＋标准，支持 Windows XP、Linux 等操作系统
（3）传输距离 　　指数据经过 Modem 再输出的最大距离，单位为米
（4）附加功能 　　指 Modem 能提供的其他实用功能，比如传真功能、路由功能和诊断功能等
　TP－LINK TD－8810＋Modem（ADSL 调制解调器） 下行速率：24 Mbps；上行速率：1 Mbps；传输距离：6 千米； 附加功能：支持桥和路由功能；支持的操作系统：Windows 系列； 支持的协议：PPPoA, PPPoA, ANSI T1.41, ITU G992.1A/G.992.2A/G.992.3A/G.992.5A
　华为 MT800 Modem（ADSL 调制解调器） 下行速率：8 Mbps；上行速率：896 Kbps；传输距离：5 千米； 附加功能：具有诊断功能，内置 PPPoE 功能，支持远端升级和远程管理，支持 Multicast 功能，防火墙功能；支持的操作系统：Windows 系列； 支持的协议：Bridged Ethernet over ATM（RFC 1483），Classical IP over ATM（RFC 1577），PPP over ATM protocol（RFC 2364）等
总结：上述两款 Modem 兼容性都很好、附加功能也多，但从性价比上来看，TP－LINK TD－8810＋Modem 明显性价比较高，价格更低，而且实用性强，因为 ADSL Modem 多用于家庭上网，不需要太多功能，只需要从价格、速率、路由和兼容性考虑即可

任务二　选购网卡和 Modem

随着现代网络技术发展的成熟，网卡和 Modem 也变得多样性，因此，要从多种类型中选择自己称心如意的网卡和 Modem 是一件不容易的事，而选购它们要考虑多方面的因素，下面为读者提供几种实用的方法。

1. 选购网卡

（1）看工艺、板路和材料

优质的网卡,焊接均匀、干净,而板路则清晰、有序,材料则采用喷锡板,喷锡板的裸露部分为白色,而非喷锡板的裸露部分为黄色或其他不均匀的颜色。有的做工好的网卡金手指（即插脚）采用的是光洁明亮的镀钛金。

（2）根据带宽选择网卡

如果是局域网,一般选用 10 M/100 M 自适应网卡就够用了,因为我国的局域网一般的带宽都是在 10 M 到 100 M 之间,而如果是光纤大型传输速率的网络,则选用 100 M 以上的网卡。

（3）根据接口类型选择

自己所使用的网络是什么类型的接口？ RJ45 接口的就选择 RJ45 接口,要"对症下药"。

（4）根据工作对象选择

前面网卡类型已经描述得很清楚,服务器使用的就用服务器专用网卡,这种卡有自带控制芯片,高智能、稳定性强、价格不便宜;家庭或普通办公网络则选择 PC 网卡,这种卡价格便宜、实用性强、能大批量普及使用;而应用到笔记本电脑或移动型网络的则选用 PCMIA 卡（笔记本专用网卡）或无线网卡。

（5）选择性价比高的网卡

现在网卡技术已经相当稳定、成熟,通常的国际制定的性能指标一般都能达到,因此,我们从价格、兼容性、功能方面考虑即可。

2. 选购 Modem

（1）内置式与外置式的选择

内置式 Modem 占用 CPU 资源和主机内部空间（但不占用外部空间）,在使用上有点繁琐,而且还受到主机内部线路的影响。外置式 Modem 则放于主机外部运作,提供指示灯显示状态,且安装使用都方便,因此,外置式 Modem 是目前的主流。

（2）根据带宽（传输速率）选择 Modem

如果是 ADSL 家庭网络,一般网络运营商（如:电信）都会给出不同理想值的带宽服务,如:512 Kbs、1 Mbps、2 Mbps、4 Mbps 以供选择。其实按我国国情,实际网络传输速率都会比运营商提供的理想值低很多,4 Mbps 带宽服务实际只能得到平均 500 Kbps 传输速率。一般用户选择最大传输 56 Kbps 以上的 Modem 就足够了,而且现在的 Modem 都能达到该要求。

（3）兼容性考虑

即能否支持多种协议、多种标准、多种系统。前面关于 Modem 的性能参数已经提到该参数,它反映了 Modem 的实用性问题。

（4）售后服务和技术支持

一般品牌的 Modem,如:华为、、D-Link、金浪等品牌,都能提供质保服务和技术支持,如:3

年质保、网上服务支持、24 小时网上查询与问题反馈。

任务三　安装网卡和 Modem

购买到网卡和 Modem 后就要懂得安装，本任务将针对网卡和 Modem 的安装进行详细讲述。

1. 安装网卡

网卡有集成网卡和独立网卡之分，集成网卡是整合在主板上的，不需要手动安装，只需要装上驱动程序就可以用。独立网卡则需要手动安装到主板上，安装上有点繁琐。下面将讲述独立网卡的安装。

 操作步骤

步骤 1　移除机箱后壳扩充挡板（与扩展槽相对的扩充挡板），如图 6-1 所示。

图 6-1　移除扩充挡板

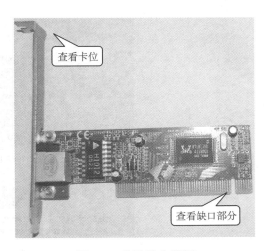

图 6-2　移除扩充挡板

步骤 2　查看网卡的卡口和缺口部分，为后面装入主板作准备，如图 6-2 所示。

步骤 3　将网卡安装到主板上，如图 6-3 所示。

2. 安装 Modem

随着网络技术的发展，传统的电话拨号上网已经淘汰，现在的家庭多数采用 ADSL（Asymmetrical Digital Subscriber Line，非对称数字用户线路）的新方式上网。在家庭中实现 ADSL 上网必须有一个关键硬件，那就是 ADSL Modem。

ADSL Modem 有外置式和内置式之分，考虑到安装和使用的方便，一般用户都是选取外置式。下面讲述外置式 ADSL Modem 的安装。

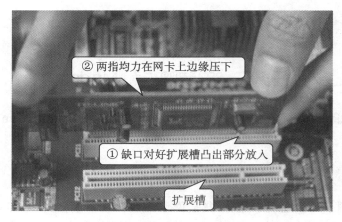

图 6-3 安装网卡到主板上

操作步骤

步骤 1 准备好 ADSL Modem、电源线和双向接头网线，如图 6-4 所示。

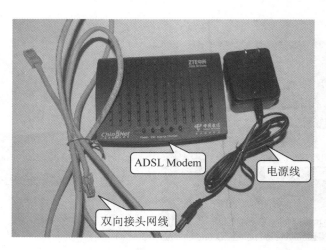

图 6-4 准备配件

步骤 2 查看 ADSL Modem 的接口类型，为后面安装作准备，如图 6-5 所示。

图 6-5 查看接口类型

按 ADSL Modem 每一个接口的类型，分别接上电话线、网线和电源线，如图 6-6 所示。

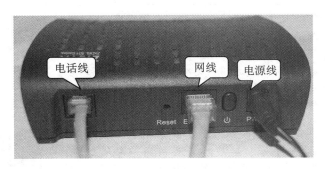

图 6-6　ADSL Modem 接上相应的线

> **提醒：**一般在购买宽带服务后，网络运营商就会提供一条独立的电话线给用户接入上网，不需要自己提供。

步骤 4 将网线的另一端接到计算机的网卡上，即可完成安装，如图 6-7 所示。

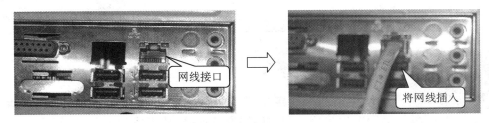

图 6-7　将网线接到网卡接口上

> **提醒：**网线接口即网卡的输出接口，一般在主机背部扩充挡板处或 USB 接口附近。

任务四　网络连接和设置

　　想上网，首先需要一个合适的网络连接才能将计算机连接到 Internet，同样要想实现计算机间的共享，也是需要一个适当的网络连接和设置才可以。本任务将重点介绍网络连接和设置。

1. 网线的类型

　　网线是网络连接的基本构件和介质，随着网络技术的转变和网络设备的更新，网线也因此产生几种类型，如表 6-6 所示。

表 6-6 网线分类

序号	名称	定义	图片
(1)	双绞线	双绞线(Twisted Pair)是由两条相互绝缘的导线按照一定的规格互相缠绕(一般以逆时针缠绕)在一起而制成的一种通用配线,属于信息通信网络传输介质。双绞线过去主要是用来传输模拟信号的,但现在同样适用于数字信号的传输	
(2)	同轴电缆	同轴电缆(Coaxial)是指有两个同心导体,而导体和屏蔽层又共用同一轴心的电缆。常见的同轴电缆由绝缘材料隔离的铜线导体组成,在里层绝缘材料的外部是另一层环形导体及其绝缘体,最后整个电缆由聚氯乙烯或特氟纶材料的护套包住	
(3)	光纤	光纤是光导纤维的简写,是一种利用光在玻璃或塑料制成的纤维中的全反射原理而制造的光传导工具。光纤是目前网络传输速率最快的介质	

图 6-8　RJ45 水晶头

2. 网线的接头

RJ45 型网线接头,俗称网线水晶头,由于它广泛应用于局域网和 ADSL 宽带用户间的网络设备连接,从而成为了目前最常见的网线连接方式。RJ45 型网线接头主要针对以双绞线为传输介质的星形网络,而局域网类型就是比较多采用这种网络结构,如:校园网、家庭小型局域网和办公型局域网等,如图 6-8 所示。

(1)局域网中的双绞线

双绞线在前面的定义中已经讲得很清楚,不过实物中的双绞线即我们局域网中经常碰到的双绞线,通常是由 4 对双绞线一起被一个绝缘电缆套管包住组成,而这四对线分别采用 8 种颜色区分,如图 6-9 所示。

从上到下的颜色
① 绿
② 白绿
③ 橙
④ 白橙
⑤ 蓝
⑥ 白蓝
⑦ 棕
⑧ 白棕

图 6-9　双绞线

（2）RJ45 型网线接头的标准

双绞线为什么要采用 8 种颜色区分每一条线呢？这是因为网线接口多数采用 RJ45 接口，而对应的 RJ45 接头是有标准规定的，它的这种标准规定与双绞线的 8 种颜色有关，如表6-7 所示。

表 6-7　RJ45 接头的标准

序号	名称	规范内容	图　片
（1）	T568A 标准	水晶头有卡扣的一面向下，有铜片一面向上，有开口的一方朝向自己身体，依次从左到右颜色的排序为：①白绿，②绿，③白橙，④蓝，⑤白蓝，⑥橙，⑦白棕，⑧棕	
（2）	T568B 标准	水晶头有卡扣的一面向下，有铜片一面向上，有开口的一方朝向自己身体，依次从左到右颜色的排序为：①白橙，②橙，③白绿，④蓝，⑤白蓝，⑥绿，⑦白棕，⑧棕	

（3）双绞线两端的配对方式

当两个网络设备的网线接口相同时，连接它们的双绞线就采用交叉线接法，相反，如果网线接口不同时，则采用直通线接法，如表 6-8 所示。

表 6-8　双绞线两端的配对方式

序号	名称	规范内容	图　片
（1）	交叉线接法	两个网络设备的接口相同，如：计算机对计算机，集线器对集线器，交换机对交换机。连接它们的双绞线两端接头分别采用 T568A 标准和 T568B 标准配对： ①白绿，②绿，③白橙，④蓝，⑤白蓝，⑥橙，⑦白棕，⑧棕 ①白橙，②橙，③白绿，④蓝，⑤白蓝，⑥绿，⑦白棕，⑧棕	

计算机组装与维修

序号	名称	规范内容	图　片
(2)	直通线接法	两个网络设备的接口不相同,如:计算机对集线器,集线器对服务器,交换机级连。连接它们的双绞线两端接头都采用T568A标准或T568B标准配对: ①白绿,②绿,③白橙,④蓝,⑤白蓝,⑥橙,⑦白棕,⑧棕 ①白绿,②绿,③白橙,④蓝,⑤白蓝,⑥橙,⑦白棕,⑧棕 或者, ①白橙,②橙,③白绿,④蓝,⑤白蓝,⑥绿,⑦白棕,⑧棕 ①白橙,②橙,③白绿,④蓝,⑤白蓝,⑥绿,⑦白棕,⑧棕	 直通互联法

3. 常见的上网方式

目前常见的上网方式有 ADSL 拨号上网、小区宽带和无线上网三种,如表 6-9 所示的介绍。

表6-9　常见上网方式

序号	名称	定　义	补　充
(1)	ADSL 拨号上网	ADSL 是一种采用电话线作为传输介质的宽带连接技术	目前支持上行传输速率512 Kbps～1 Mbps,下行传输速率1 Mbps～8 Mbps,有效传输距离达3～5千米
(2)	小区宽带	小区宽带即 LAN(局域网)宽带(英文全称 Local Area Network)是一种使用以太网技术的网络连接方式,经过传输改良、功能提高和管理合理化后,成为了小区最实惠的共享上网方式	它主要是小区用户共享一条主宽带线上网,如:共享一条主光纤缆或主轴线缆。一般小区用户上网人数少时,上网速度快;反则网速变慢
(3)	无线上网	是一种通过无线通信技术进行网络连接的方式,摆脱了有线的限制,如:不受地域和物理设备等条件限制	它是近年来新兴的上网方式,由于可以通过手机和笔记本等轻便设备来上网,受到越来越多的欢迎

4. 建立 ADSL 拨号连接

目前常见的上网方式中,让我们接触最多的是 ADSL 拨号上网,这是家庭网络最常用的上网方式,因为它具有上网价格优惠、传输速率高和独享带宽等特点。下面讲解在 Windows

XP系统中如何创建 ADSL 连接。

 操作步骤

步骤1 单击"开始"按钮,选择"设置/控制面板",然后双击"网络连接"(或右击桌面的"网上邻居",选择"属性"打开"网络连接"),如图 6-10 所示。

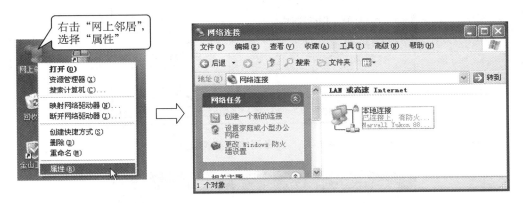

图 6-10 打开网络连接

提醒:"网络连接"这个功能设置选项,在 Windows 7 中名字改为了"设置连接或网络",读者可以在 Windows 7 中,右击桌面的"网络",然后选择"属性"打开。

步骤2 单击左侧菜单选项"创建一个新的连接",弹出"新建连接向导",如图 6-11 所示。

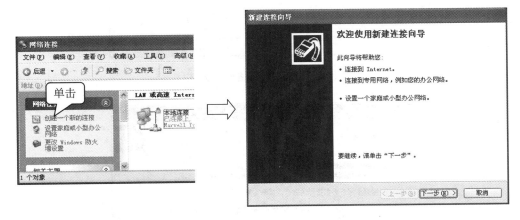

图 6-11 打开"新建连接向导"

步骤3 单击"下一步",进入网络连接类型选择,按照自己的宽带连接方式选择,单击"下一步",如图 6-12 所示。

步骤4 进入网络连接方式的设置,选择手动设置,再单击"下一步",如图 6-13 所示。

步骤5 选择"用要求用户名和密码的宽带连接"的选项,再单击"下一步",如图 6-14 所示。

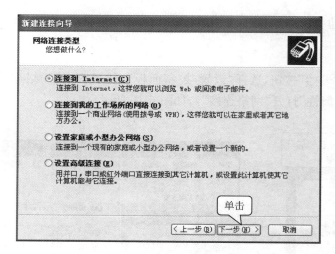

图 6-12　选择网络连接类型

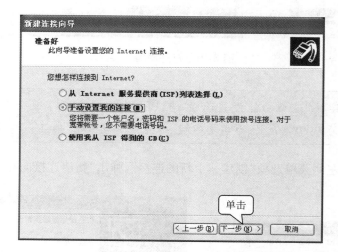

图 6-13　设置网络连接方式

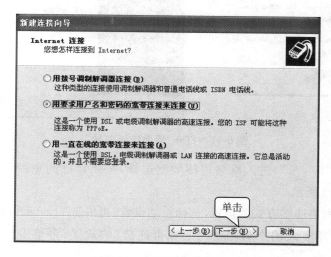

图 6-14　设置网络连接方式

步骤6　进入连接名的设置，输入"家庭宽带"，单击"下一步"，如图 6-15 所示。

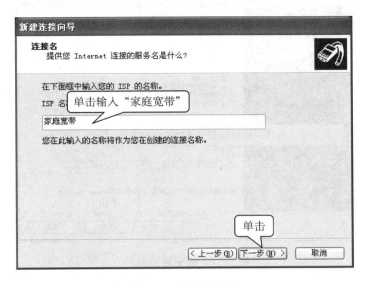

图 6-15　设置连接名

步骤7　输入账户信息，即输入用户名和密码，再单击"下一步"，如图 6-16 所示。

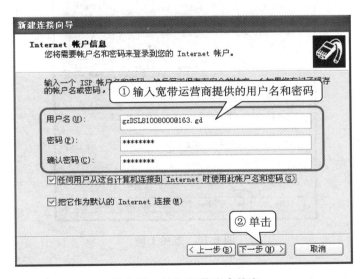

图 6-16　输入宽带账户信息

步骤8　系统弹出提示完成连接向导的对话框，如图 6-17 所示进行操作。

步骤9　弹出连接对话框，单击连接即可实现家庭 ADSL 拨号上网连接，如图 6-18 所示。

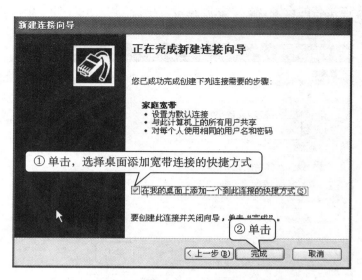

图 6-17　结束连接向导

图 6-18　连接上网

5. 建立无线宽带路由器连接

　　宽带路由器是目前组建小型局域网的必选网络设备,按照连接方式的不同,可分为有线和无线两种。有线是需要使用网线(双绞线)进行连接;而无线则是利用无线技术连接,需要计算机有无线网卡或者 AP(无线接入点)才能接入上网,但可以省去物理网线。现在无线宽带路由器特别受欢迎,下面将介绍如何创建无线宽带路由器的连接。

　　注意:在首次创建无线宽带路由器的连接之前,计算机必须通过物理网线连接到无线宽带路由器上,才能登陆无线路由器的管理界面,进行连接创建。

 操作步骤

步骤 1 双击桌面 IE 浏览器的图标，打开 IE 浏览器，如图 6-19 所示。

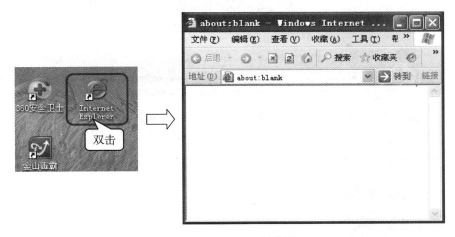

图 6-19 打开 IE 浏览器

步骤 2 在 IE 浏览器的地址栏处输入"192.168.1.1"，按"Enter"键确认，弹出无线路由器的登录窗口，然后输入用户名和密码并单击"确定"，如图 6-20 所示。

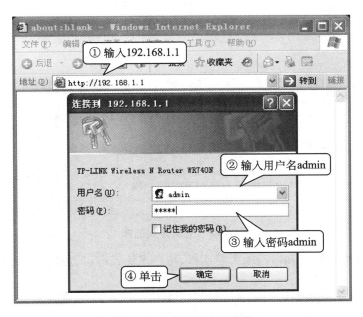

图 6-20 登录无线路由器

提醒：宽带路由器的登录地址一般都是"192.168.1.1"或"192.168.0.1"，而登录的用户名和密码一般都默认是"admin"，具体情况可参考路由器附带的说明书。

步骤3 登陆后,进入无线宽带路由器的管理界面,根据设置向导提示单击"下一步",如图 6-21 所示。

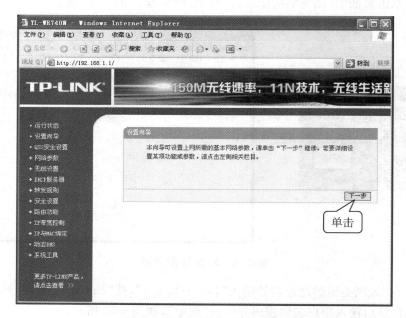

图 6-21 无线路由器的管理界面

步骤4 进入上网方式选择对话框,单击"PPPoE(ADSL 虚拟拨号)"选项,再单击"下一步",如图 6-22 所示。

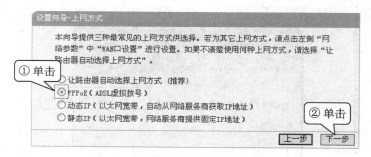

图 6-22 上网方式选择

步骤5 进入宽带账号和密码输入对话框,按要求输入即可,如图 6-23 所示。

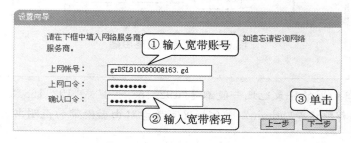

图 6-23 输入账户名和密码

步骤 6 进入无线安全设置,如图 6-24 所示进行设置,并单击"下一步"。

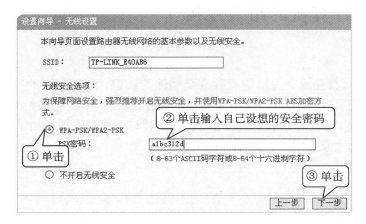

图 6-24 安全密码设置

提醒:输入的 PSK 密码即安全密码,最好是自己熟悉易记的密码,因为无线上网时,必须输入安全密码才能接入网络。

步骤 7 系统弹出对话框,提示设置完成,需"重启"设置才能生效,单击"重启"即完成无线路由器的宽带连接创建,如图 6-25 所示。

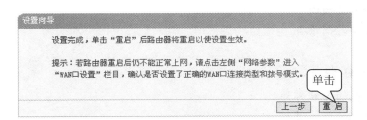

图 6-25 完成设置向导

课后巩固与强化训练

任务一:参照项目内容,建立独享的家庭宽带 ADSL 拨号连接。

任务二:参照项目内容,利用路由器建立家庭局域网的共享上网连接。

项目七 计算机的组装过程

计算机组装前,首先要对主机的配件有个整体的认识,了解不同组件间的安装要求,不同型号零部件的安装方法稍有区别,接着要有序地进行安装,一般是先把CPU安装好,因为CPU安装要求较高,安装时如果不小心容易把针脚损坏。通过本项目的学习,让读者掌握计算机组装的顺序和注意事项。

『本项目主要任务』

任务一　装机前的准备

任务二　安装CPU和内存条

任务三　安装主板

任务四　安装CPU风扇

任务五　安装电源

任务六　安装硬盘

任务七　安装光驱

任务八　安装显卡

任务九　安插连接线

任务十　连接外围设备

『本项目学习目标』

● 认识计算机的各零部件

● 掌握计算机的组装过程

● 熟悉计算机组装的注意事项

『本项目相关视频』

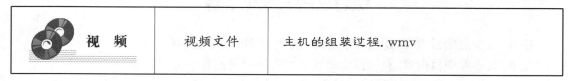

视 频	视频文件	主机的组装过程.wmv

任务一　装机前的准备

计算机是由许多精密电子部件组成的集合体,为不损坏各零部件,组装计算机时需要细心、精确,事前要做好充分的准备工作,能帮助用户有序、高效、精确地成功组装一台计算机。

计算机组装与维修

1. 准备工具

俗话说得好，"工欲善其事，必先利其器"。因为计算机零部件都相当精密，稍有碰撞摩擦都会出问题，所以，我们必须准备合适的工具。

操作步骤

步骤1　购置相应的工具并放置好。如图 7-1 所示，工具从左到右分别为清洁器、尖嘴钳、散热膏、大力钳、一字形螺丝刀、十字螺丝刀（带磁性）。

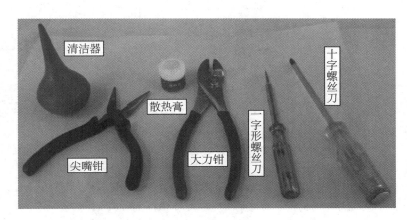

图 7-1　工具

步骤2　了解每一个工具的用途。

① 清洁器：用来吹尘、清洁。

② 尖嘴钳：可夹可钳，一般用来拆断机箱后面的挡板，或一些特殊情况下用来夹住并放置物件。

③ 散热膏：顾名思义用来散热，而 CPU 是主要的发热体，散热膏就涂在 CPU 上作散热处理，同时其他配件如果发热过高也可用到。

④ 大力钳：用来处理一些难以拆卸和安装的配件，这是为一时之需而准备。

⑤ 十字螺丝刀（带磁性）：用于拆卸和安装螺钉的工具。一般计算机用的螺钉都是十字螺钉，所以要准备一把十字螺丝刀。但为什么要准备带磁性的螺丝刀呢？这是因为计算机器件的安装空间较小，螺钉在机箱里安装和掉落都很麻烦，而带磁性的螺丝刀可以吸住螺钉不掉落，方便安装定位。

⑥ 一字形螺丝刀：准备一把一字形螺丝刀，不仅用来应对安装时的一些特殊需求，还可用来拆除配件包装盒、包装封条等。

2. 配件材料的准备

人有五脏六腑，而计算机也一样，事先准备好各个配件材料，安装时才不会手忙脚乱、丢三落四。

操作步骤

步骤 1　购好配件材料并摆放清楚。计算机组装配件一般包括：CPU、风扇、主板、内存、显卡、硬盘、光驱、机箱、电源、键盘鼠标、显示器、各种数据线/电源线等，如图 7-2 所示。

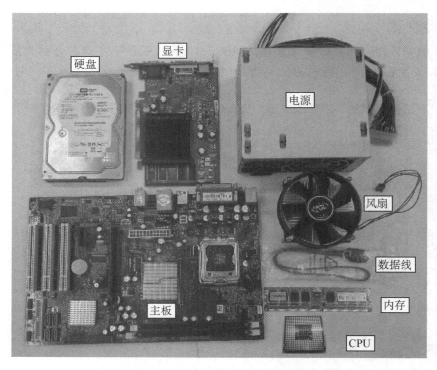

图 7-2　一些组装的配件材料

步骤 2　熟悉主板的槽位和插座，知道各配件的组装位置，如图 7-3 所示。

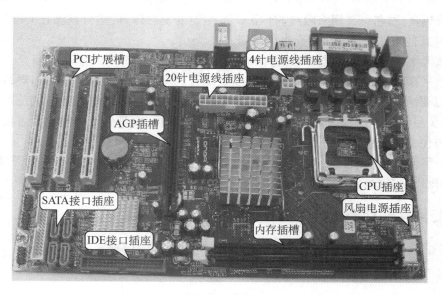

图 7-3　主板

3. 装机过程中注意的事项

计算机各配件都是灵敏、精细的电子产品,所以装机过程中必须注意以下事项:

① 防止静电。由于穿着的衣物相互摩擦,很容易产生静电,而静电则有可能将集成电路内部击穿造成损坏,因此,最好在安装前,用手触摸一下接地的导电体或洗手以释放掉身上携带的静电。

② 把所有配件从盒子拿出(暂时不要将配件从防静电袋子中拿出),按照安装顺序排好,看一下说明书,有没有特殊的安装需求。

③ 防止液体进入计算机内部。在安装计算机配件时,要严禁液体进入计算机内部的板卡上。因为这些液体都可能造成短路而使元器件损坏,所以要注意不要将喝的饮料摆放在各配件附近,也要避免汗水滴落,或手心的汗沾湿配件。

④ 使用正当的安装方法,不要粗暴乱装。因为各配件都很脆弱,若强行安装,稍用力不当就能使引脚折断或变形,所以,对于不懂不会的地方要仔细查阅说明书,按照说明书的方法正确安装。对于安装后位置不到位的设备不要强行固定,因为会导致板卡变形,日后易发生断裂或接触不良的情况。

⑤ 测试前,建议只装主板、CPU、散热片、风扇、硬盘、光驱以及显卡,而其他配件如:声卡、网卡等,要等上述主要配件确定没问题后再装上。全部安装好后不要立刻关上机箱,若是测试时有问题出现,就不用反复打开机箱了。

任务二　安装 CPU 和内存条

因为 CPU 和内存极为精密,为了避免主板装入机箱后,机箱内狭窄的空间影响 CPU 和内存条的顺利安装,用户必须在主板装入机箱之前先将 CPU 和内存条安装在主板上。

1. 安装 CPU

CPU 是计算机中枢,非常重要,安装时要细心和仔细。

 操作步骤

步骤 1　查看 CPU 的完整性。为防止 CPU 运输过程中有所碰撞损坏,一旦发现损坏要及时更换,因此,拆开包装时必须仔细查看外观,尤其是插针(插脚)部位,如图 7-4 所示。

步骤 2　安装 CPU。

① 将主板 CPU 插座的拉杆拉起,约成 90°角,如图 7-5 所示。

金色针状为插针

对照说明书观察插针是否有损坏、缺失、歪脚

图 7-4　CPU 的插针面

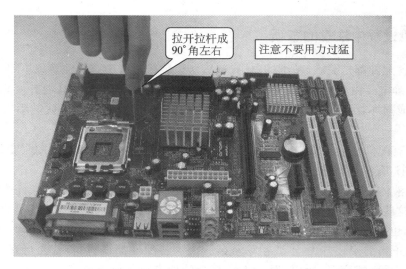

图 7-5　拉开拉杆

② 同理,揭开 CPU 插座的槽盖,约成 90°角,如图 7-6 所示。

图 7-6　揭开 CPU 的槽盖

③ 将 CPU 的缺针角与插槽的缺针角对准后插入,如图 7-7 所示。

图 7-7　插入 CPU

计
算
机
组
装
与
维
修

> **提醒**：如果没有对准缺针角部分是不能插入的，而强行插入会损坏针脚，因此，要特别注意正确的插入方法。

④ 关上槽盖、拉上拉杆，锁好 CPU，并在 CPU 的核心上涂上一层均匀的散热膏，如图7-8所示。

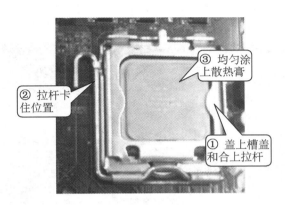

图 7-8　合上槽盖、拉上拉杆

2. 安装内存条

内存条是一个相当于"中转站"的部件，可以作为信息处理的缓冲和调整，缺少它，信息处理时会容易错乱，所以它也是必不可少的部分。

 操作步骤

步骤 1　查看内存条的完整性和类型。目前，内存条分为 168 线 SDRAM 内存和 184 线 DDR SDRAM 内存，不过市面上多售 184 线的 DDR 类型，所以此处以 184 线 DDR 为例来讲述内存条的安装，如图 7-9 所示。

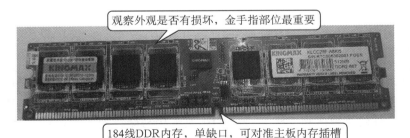

图 7-9　查看内存条类型和完整性

步骤 2　将内存条安装到主板上，如图 7-10 所示。

用大姆指拨开内存插槽卡扣

缺口对准主板内存插槽凸出位

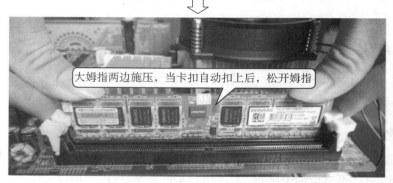

大姆指两边施压，当卡扣自动扣上后，松开姆指

图 7-10　将内存条安装在主板上

任务三　安装主板

当主板上已经安装好 CPU、内存条后，就可以将主板装入机箱内。主板是所有计算机配件的"载体"。配件能够配合默契地使用，完全靠主板引导，所以，安装入箱时，切不可粗暴用力，要小心放入，注意不要碰到主板上的元器件，它们极易碰坏。

 操作步骤

步骤 1　放入主板。微微倾斜着放入主板，且注意将主板上的键盘口、鼠标口、串并口等和机箱背面挡片的孔——对齐，如图 7-11 所示。

步骤 2　锁紧主板。将主板螺钉孔对好机箱内的螺丝孔，用螺丝刀拧紧，如图 7-12 所示。

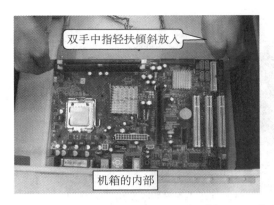

双手中指轻扶倾斜放入

机箱的内部

机箱的背面

键盘口、鼠标口、串并口等和机箱背面挡片的孔对齐

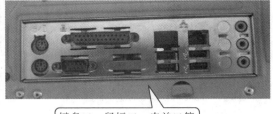

图 7-11　将主板放入机箱内

当主板的螺钉孔位置定好时，就可以用螺丝刀拧紧

图 7-12　锁紧主板

任务四　安装 CPU 风扇

因为 CPU 工作时会产生很多热量，一旦 CPU 温度过热就会烧坏。而 CPU 风扇可以对 CPU 起到散热作用，所以是必不可少的配件。

 操作步骤

步骤 1　查看 CPU 风扇类型时，最好拿出说明书对照着看，如图 7-13 所示。

步骤 2　将 CPU 风扇对准主板的四个定位孔插入，如图 7-14 所示。

> 提醒：CPU 风扇有几种类型，不同类型的安装方式也不同，最好按照说明书来安装，本例是自带散热片类型，而且插脚是固定的。

步骤 3　对准支撑板四孔插入后，锁定 CPU 风扇，如图 7-15 所示。

步骤 4　将风扇的电源线插到主板 3 针插座上，如图 7-16 所示。

计算机组装与维修

图 7-13　查看风扇类型

图 7-14　安装 CPU 风扇

图 7-15　锁定风扇

图 7-16　插上风扇的电源线

任务五　安装电源

电源为所有计算机配件提供动力,因此连接各配件的线路多,所以在安装时要注意好摆放位置、整理好连接线。

 **操作步骤**

步骤 1　查看电源的针线数和类型。现在一般多用 ATX 电源,不过还是要对照下主板的电源要求,如:插座的针数或孔数是否一一对应,如图 7-17 所示。

步骤 2　安装电源。先用手固定电源到机箱内,后再用螺丝拧紧,如图 7-18 所示。

步骤 3　当电源锁定后,将电源线与主板连接上。

① 插上 4 针电源线,如图 7-19 所示。

② 插上 20 针电源线,如图 7-20 所示。

这是ATX电源的两条连接线：4针和20针电源线。一般情况下，主板上相应地配有20插针、4插针，可与其连接供电

主板上的4插针

主板上的20插针

图 7-17　ATX 电源

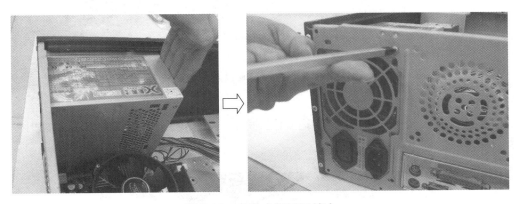

图 7-18　安装电源到机箱内

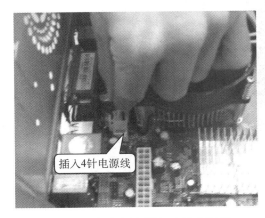

插入4针电源线

图 7-19　在主板上插入 4 针电源线

插入20针电源线

图 7-20　在主板上插入 20 针电源线

计算机组装与维修

任务六   安装硬盘

当主要配件都安装上了,就需要装上硬盘了。硬盘是用来存储数据的,所以在安装时不能碰撞、跌落,要稳拿轻放。

 **操作步骤**

步骤 1   判断硬盘类型。目前硬盘类型按接口划分为 IDE、SATA、SCSI 和光纤通道四种。不过,现在普通的个人用户用的多数是 SATA 接口硬盘,所以本任务以 SATA 接口硬盘为例讲解安装过程,如图 7-21 所示。

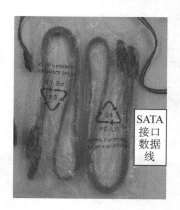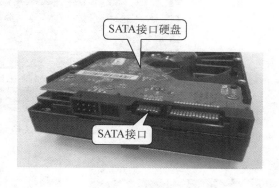

图 7-21   SATA 接口硬盘及其数据线

步骤 2   安装 SATA 硬盘。

① 将硬盘放入机箱内的硬盘座内,用手扶好定位,再用十字螺丝刀拧紧,如图 7-22 所示。

图 7-22   将硬盘固定在机箱内

计算机组装与维修

② 用一条 SATA 接口数据线,将硬盘与主板串接起来,如图 7-23 所示。

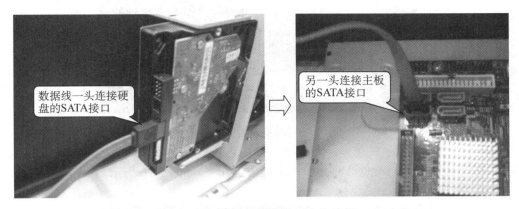

数据线一头连接硬盘的SATA接口

另一头连接主板的SATA接口

图 7-23　用数据线连接硬盘和主板

③ 将电源线插到 SATA 硬盘接口上,如图 7-24 所示。

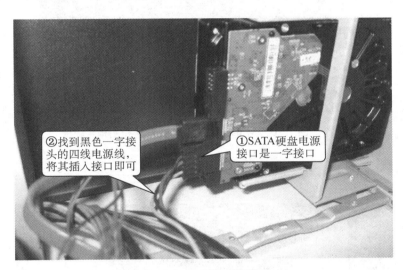

②找到黑色一字接头的四线电源线,将其插入接口即可

①SATA硬盘电源接口是一字接口

图 7-24　连接电源线

任务七　安装光驱

　　光驱是计算机用来读写光盘内容的机器,在我们日常生活中使用的很频繁,如:当我们需要安装软件和备份文件时,都经常用到它。因为光盘携带方便,且备份安全,所以,装上光驱是非常必需的。

操作步骤

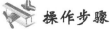 和硬盘一样,将光驱放入机箱的光驱座上,对准螺丝孔,拧上螺丝固定即可,如图 7-25 所示。

对准螺丝孔即可拧上螺丝

图 7-25　将光驱装到机箱内

步骤 2　用一条 IDE 数据线将光驱与主板串接起来,如图 7-26 所示。

IDE数据线一般是40针

图 7-26　用 IDE 数据线串接光驱和主板

步骤 3　给光驱接上电源线,如图 7-27 所示。

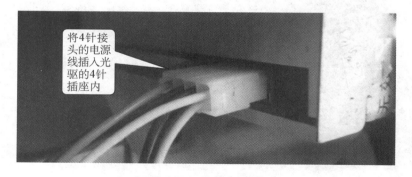

将4针接头的电源线插入光驱的4针插座内

图 7-27　连接电源线

任务八　安装显卡

显卡是将计算机的数字信号转换成显示信号,并向显示器提供显示信号,控制显示器的正确显示。它是连接显示器和计算机主板的重要配件。

操作步骤

步骤 1　移除机箱后壳上对应 AGP 插槽的扩充挡板,如图 7-28 所示。

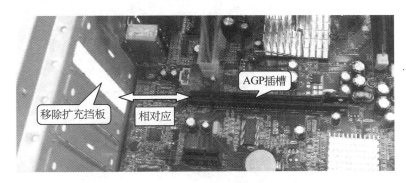

图 7-28　移除挡板

步骤 2　装入显卡。显卡的缺口位对准 AGP 插槽的凸出位置小心插入,如图 7-29 所示。

图 7-29　对准插槽插入

步骤 3　固定显卡。用十字螺纹刀将显卡固定在机箱内,如图 7-30 所示。

任务九　安插连接线

机箱与主板"沟通"是通过连接线来实现的,比如电源开关、复位(重启)开关、电源灯、硬盘灯等很多都需要用到连接线,因此安装时要耐心,不同的连接线要对号入座安插在主板上。

用十字螺丝刀拧紧显卡上的螺丝钉,将其固定在机箱上

用手轻扶显卡保持平衡

图 7-30　将显卡固定在机箱内

![操作步骤图标] **操作步骤**

步骤 1　先排开每一条连接线,看清每一条连接线对应的英文意义,如图 7-31 所示。

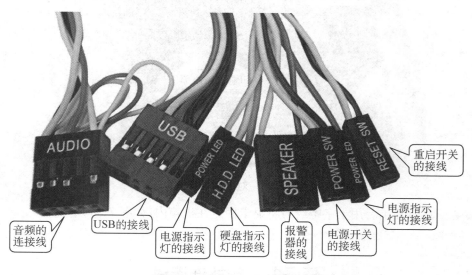

音频的连接线

USB的接线

电源指示灯的接线

硬盘指示灯的接线

报警器的接线

电源开关的接线

电源指示灯的接线

重启开关的接线

图 7-31　机箱与主板间的连接线

步骤 2　将机箱上的连接线对号入座接到主板上,由于不同类型主板其连接线插座不同,所以,这个要根据各自的主板说明书来安装,如图 7-32 所示。

图 7-32　将连接线插到主板上

任务十　连接外围设备

当机箱与主板都"沟通"和安装好后,即主机整体已经安装好,但我们还需要一些重要的东西,就是外围设备,如:显示器、鼠标和键盘等,这些是实现人与计算机"沟通"的重要工具,没有这些,我们就没办法对计算机输入指令,进行操作,也没办法知道计算机的运作状态,所以,这些也相当重要。

操作步骤

步骤 1　先关上机箱盖,将显示器的信号线连接到主机上,拧紧螺丝,如图 7-33 所示。

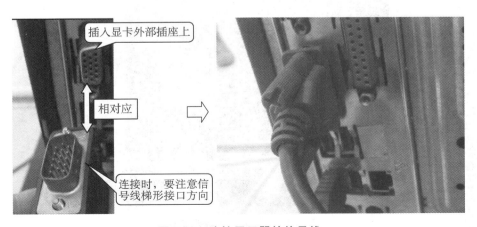

插入显卡外部插座上

相对应

连接时,要注意信号线梯形接口方向

图 7-33　连接显示器的信号线

步骤 2 将鼠标和键盘连接到主机上。鼠标和键盘常见有两种类型接口,一种是 PS/2
接口,另一种是 USB 接口,如图 7-34 所示。

蓝色是键盘

这是PS/2接口,
颜色对应接上

绿色是鼠标

这是USB接口,
对应任意USB
接口都可接上

图 7-34 连接鼠标和键盘

步骤 3 将音频线和网线连接到主机上,如图 7-35 所示。

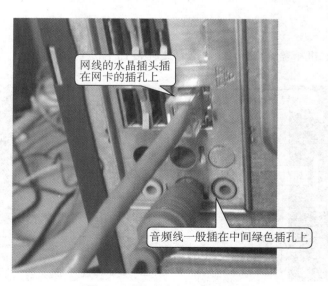

网线的水晶插头插
在网卡的插孔上

音频线一般插在中间绿色插孔上

图 7-35 接上音频线和网线

步骤 4 连接主机的电源线。主机的电源插座一般有标名"AC/220 V"字样,如图 7-36 所示。

连接电源线

图 7-36　连接主机的电源线

课后巩固与强化训练

任务一:按照项目的要求,认识计算机各个配件和零部件,并组装一台计算机。

任务二:参照安装顺序,拆卸一台计算机的配件,并写出拆卸的注意事项。

项目八 BIOS 的设置

计算机组装完后，要使其正常工作，还必须对 BIOS 进行一些基本设置，使各配件能协调工作、发挥最佳状态。本项目主要介绍 BIOS 的功能、设置以及如何在 BIOS 修改硬件参数等。通过本项目的学习，读者可以清楚地了解 BIOS 对于计算机的作用，甚至可以从中学会一些提高计算机性能的方法。

『本项目主要任务』

任务一　BIOS 的设置及进入方法

任务二　BIOS 的常用设置方法

任务三　BIOS 的高级设置方法

『本项目学习目标』

● 认识 BIOS 的作用

● 掌握 BIOS 的设置

● 掌握 CPU 的超频设置

● 认识一些硬件在 BIOS 中的性能设置

『本项目相关视频』

　视　频	视频文件	设置光驱启动. wmv、设置 CPU 保护温度. wmv、设置 BIOS 密码. wmv、CPU 超频设置. wmv

任务一　BIOS 的设置及进入方法

BIOS（Basic Input Output System 基本输入输出系统）是存放在主板 BIOS 芯片中的一组专用程序，用户可通过它对硬件设备进行最初级、最直接的控制和设置。在启动计算机时，BIOS 负责对计算机各硬件进行检测及初始化设置，以确保计算机正常运行。

1. 认识 BIOS 的设置

一般在什么情况会需要对 BIOS 进行设置呢？归纳如下：

① 新购置的计算机。新买回来的计算机一般都要对 BIOS 的日期、时间等参数作修改。未经设置过的新 BIOS，只能识别最基本的设备，如：键盘、鼠标、显示器等，但其他一些外部设

备就需手动设置加入,如:新的硬盘、光驱。

② 安装操作系统。安装系统时,我们都要进入 BIOS,修改引导设备的启动顺序,并开启/关闭一些不必要的智能功能,如:键盘、鼠标的自动检测或病毒警告。

③ 新增硬件设备。在工作或生活中,总要添加一些新设备到计算机上,这时系统不一定能识别得出,就需要通过手动修改 BIOS 来开启对新设备的支持,如:USB 键盘。

④ 操作系统优化。一般 BIOS 的默认设置不是对系统最优化的设置,因此,需要手动修改,如:硬盘数据传输模式、内存读写等待时间、管理 Cache(高级缓存)、节能保护和电源管理等。

⑤ CMOS 数据丢失。如果 CMOS 电源耗尽、用户意外清除 CMOS 参数或遭到病毒破坏,都会造成 CMOS 数据丢失,这时就要进入 BIOS 重新设置参数并保存。

常见的 BIOS 有 Phoenix-Award BIOS、AMI BIOS 和品牌计算机专用的 BIOS 等,其实 BIOS 设置主要针对硬件进行初始化设置,无论是哪一种版本的设置都大同小异,下面以七彩虹主板上的 Phoenix-Award BIOS 为例讲述 BIOS 设置,如表 8-1 所示。

表 8-1　BIOS 的设置界面和内容

BIOS 系统的热键操作:	
Esc:按 Esc 键快速退出系统或回到前一个操作界面 F10:按 F10 键快速保存并退出系统 ↑ ↓ ← →:通键盘的方向键进行上下左右移动 Enter:按"Enter"确认设置或进入下一个子菜单 F1:打开帮助及信息说明 F5:载入上一次设置值 F6:载入 BIOS 出厂默认设置 F7:载入最佳 BIOS 默认设置	BIOS 设置的主界面
Standard CMOS Features	对系统的日期和时间、存储设备参数等基本信息进行设置
Advanced BIOS Features	对系统的高级特性进行设置
Advanced Chipset Features	修改芯片组寄存器的值,优化系统的性能
Integrated Peripherals	设置主板的外围设备和端口
PNP / PCI Configurations	对 PNP/PCI 参数进行设置
PC Health Status	计算机健康状态设定
Colorful Magic Control	设置主板及其硬件的频率和电压
Load Fail-Safe Defaults	载入 BIOS 的安全默认设置,即 BIOS 的出厂默认设置
Load Optimized Defaults	载入最佳 BIOS 默认设置

计算机组装与维修

Set Supervisor Password	设置管理员密码
Set User Password	设置用户密码
Save & Exit Setup	保存对 BIOS 设置的修改,然后退出设置程序
Exit Without Saving	不保存对 BIOS 设置的修改,并退出设置程序

> 提醒:BIOS 的热键操作一般情况都在 BIOS 的主界面下方有提示和说明。

2. BIOS 的进入方法

BIOS 种类虽然多,但进入的方式都差不多,主要都是通过按某个热键进入。通常开机进入自检界面时,在屏幕下方都会有进入 BIOS 设置界面的热键提示信息,以 Phoenix-Award BIOS 为例,如图 8-1 所示。

图 8-1　开机自检界面

> 提醒:一般进入 BIOS 设置界面的热键,在开机自检时都有提示,如果没有提示,可以参考以下常用热键:IBM 按 F1 键;HP(惠普)、SONY(索尼)、DELL(戴尔)和 Acer(宏基)按 F2 键;还有其他品牌的计算机按 F9 键或 F10 键、F12 键、ESC 键。

任务二　BIOS 的常用设置方法

一般新的计算机都需要手动设置之后才能使用,而 BIOS 是首先需要设置的,下面将为读者讲解一些常用的设置,以七彩虹智能主板二代的 Phoenix-Award BIOS 为例。

1. 设置禁止软驱显示

现在的计算机已经基本上不配备软驱,因此,这个选项要选择禁止使用,避免不必要的系统资源浪费。

 **操作步骤**

步骤 1　按"Delete"热键进入 BIOS 设置界面,然后选择第一个设置选项"Standard CMOS Features"并按"Enter"键进入,如图 8-2 所示。

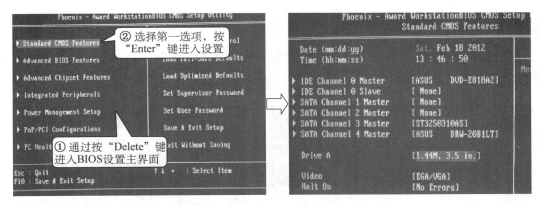

图 8-2　选择"Standard CMOS Features"

步骤 2　选择"Drive A"选项并按"Enter"键进入,然后选择"None"选项,即禁止软驱显示,如图 8-3 所示。

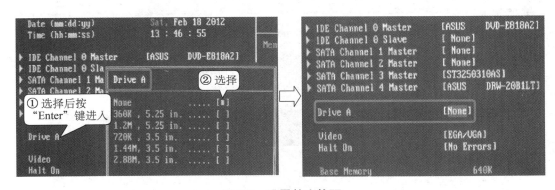

图 8-3　设置禁止软驱

步骤 3　按"F10"热键,弹出如图 8-4 所示英文提示,提示用户是否保存并退出,输入"Y"并按回车键,即保存并退出 BIOS 设置,至此设置禁止软驱显示完成。

2. 设置系统从光驱启动

当安装系统或重装系统时,就需要计算机从光驱启动,此外,在安装一些软件时也要从光驱启动才能安装。因此,用户会经常需要设置从光驱启动,下面将详细讲述这个设置。

图 8-4　保存并退出

操作步骤

步骤 1　按"Delete"热键进入 BIOS 设置界面,然后选择第二个设置选项"Advanced BIOS Features",并按"Enter"键进入,如图 8-5 所示。

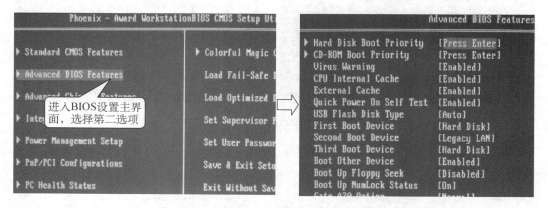

图 8-5　选择"Advanced BIOS Features"

步骤 2　进入"Advanced BIOS Features"设置界面后,选择"First Boot Device(第一启动设备)"并按"Enter"键进入,如图 8-6 所示,选择"CDROM"为第一启动设备,并按"Enter"键确认。

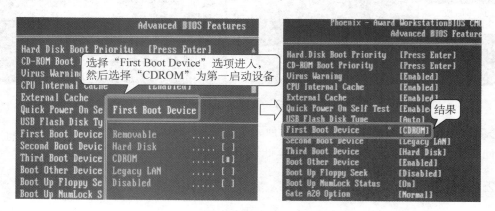

图 8-6　设置光驱为第一启动设备

步骤 3　与设置禁止软盘驱动一样,最后也是按"F10"热键,进行保存并退出即可。

3. 设置 CPU 保护温度

在计算机发展的早期,由于经常出现 CPU 温度过高而被烧坏的现象,因此,经过用户的反馈后,主板生产商就在主板上加入了 CPU 温度监控保护功能,而现在的大多数智能主板都有这个功能,一般整合在主板的 BIOS 中。下面就带读者去认识它的设置。

 操作步骤

步骤 1 按"Delete"热键进入 BIOS 设置界面,然后选择第七个设置选项"PC Health Status",并按"Enter"键进入,如图 8-7 所示。

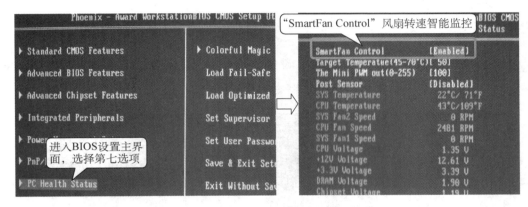

图 8-7 选择"PC Health Status"

提醒:一般智能主板在出厂时,已经设置好风扇智能监控(SmartFan Control)选项处于开启状态。用户在设置 BIOS 时一定要注意这个选项有没有设置开启,若没有就选择"Enabled"启动,因为这也是一个能提供 CPU 温度保护的附加设置。

步骤 2 进入"PC Health Status"设置界面后,选择"Shutdown Temperature"选项进入,设置保护温度控制,如图 8-8 所示。

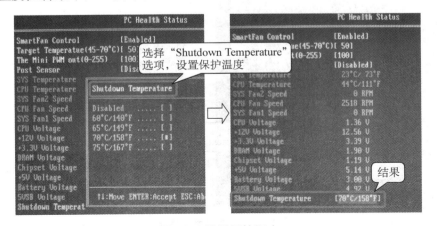

图 8-8 设置保护温度

计算机组装与维修

提醒:设置的保护温度一般最好选择 70°或以下最合适,因为超过 70°的温度都极可能会对 CPU 产生伤害。

步骤3 最后,也是按"F10"热键,进行保存并退出即可。

4. 设置 BIOS 密码

当用户设置完 BIOS 后,不想别人再修改这些设置或误设置,就要设置 BIOS 密码,禁止别人修改。下面就详细介绍如何设置 BIOS 密码。

(1)设置管理员的密码

 **操作步骤**

步骤1 按"Delete"热键进入 BIOS 设置界面,然后选择第二个设置选项"Advanced BIOS Features"并按"Enter"键进入,如图 8-9 所示。

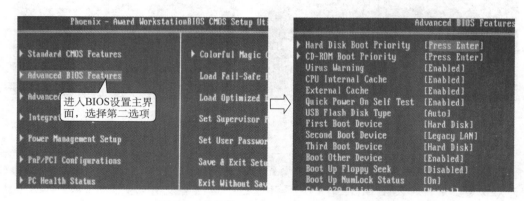

图 8-9 选择"Advanced BIOS Features"

步骤2 进入"Advanced BIOS Features"设置界面后,选择"Security Option(安全选项,即检查密码方式)"选项,并设置为"System",如图 8-10 所示。

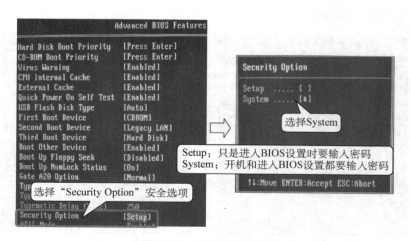

图 8-10 设置安全选项

计算机组装与维修

步骤 3 按"Esc"键回到 BIOS 主界面,然后选择"Set Supervisor Password(设置管理员密码)"选项,按"Enter"键进入,输入要设置的密码,如图 8-11 所示。

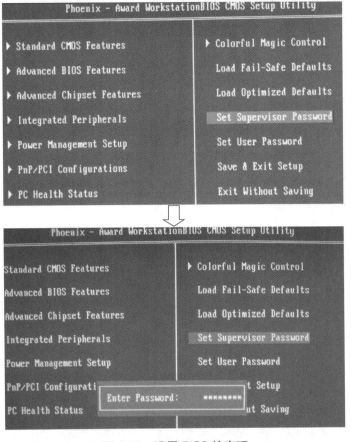

图 8-11 设置 BIOS 的密码

提醒:输入第一次密码后还要重复输入第二次密码确认,密码的长度最多为 8 位。

步骤 4 最后,按"F10"热键,进行保存并退出即可。

(2) 设置 BIOS 密码的其他形式

① 前面例子介绍了在"Security Option(安全选项)"下有"System(系统)"和"Setup"两个设置选项,当设置为"System"时,开机启动和进入 BIOS 设置均要输入密码;当设置为"Setup"就只在进入 BIOS 设置时才要输入密码。

② 在 BIOS 主界面除了"Set Supervisor Password(设置管理员密码)"选项能设置密码外,还有另一个选项"Set User Password(设置用户密码)"也可以设置密码,这个选项与管理员密码的设置方式一样,但有所区别:用"Set User Password(设置用户密码)"设置的密码进入 BIOS 只能查看不能修改;而用"Set Supervisor Password(设置管理员密码)"设置的密码进入 BIOS 可以修改 BIOS 里面的任何设置,如图 8-12 所示。

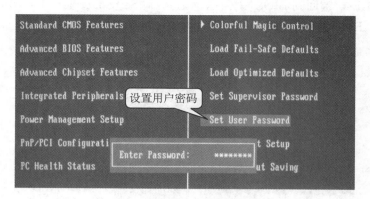

图 8-12　设置用户密码

5. 恢复最佳默认设置

为了发挥主板的最佳状态，生产商一般都会在主板的 BIOS 中加载一个最佳默认设置的功能选项。下面就介绍这个功能选项的选择和设置。

操作步骤

步骤 1　按"Delete"键进入 BIOS 设置界面，选择第十个设置选项"Load Optimized Defaults（最佳默认设置）"并按"Enter"键进入，如图 8-13 所示。

图 8-13　选择"Load Optimized Defaults"

步骤 2　弹出"Load Optimized Defaults（Y / N）?（是/否设置成最佳默认设置?）"确认对话框，输入"Y"并按"Enter"确认执行，如图 8-14 所示。

步骤 3　最后，按"F10"热键，进行保存并退出即可。

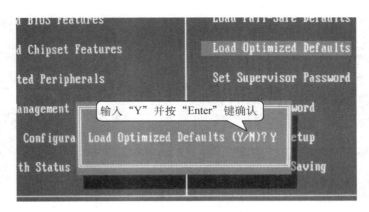

图 8-14　确认加载最佳默认设置

任务三　BIOS 的高级设置方法

一块主板或一台计算机的性能优越性,很大程度上取决于 BIOS 管理功能方面的先进程度,而现在的 BIOS 都提供了很多先进性的设置,如:智能病毒警告、CPU 魔法超频设置和省电功能设定等。本任务同样以七彩虹智能主板二代的 Phoenix-Award BIOS 为例,讲解 BIOS 的高级设置。

1. 设置病毒警告

一般智能主板上都有病毒警告功能,这个功能能事先警告使用者有病毒入侵,要提早防范。

操作步骤

步骤 1　按"Delete"键进入 BIOS 设置界面,选择"Advanced BIOS Features"进入,如图 8-15 所示。

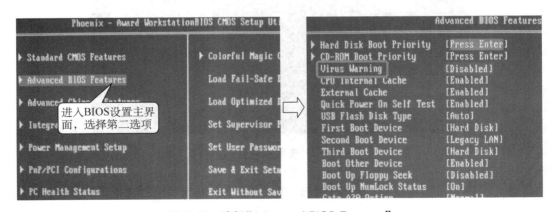

图 8-15　选择"Advanced BIOS Features"

步骤 2　进入"Advanced BIOS Features"设置界面,选择"Virus Warning(病毒警告)"选项进行修改设置,参数修改为"Enabled",如图 8-16 所示。

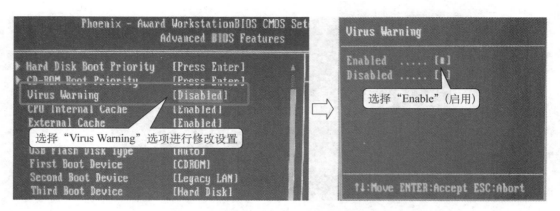

图 8-16　启用病毒警告功能

步骤 3　最后，按"F10"热键，进行保存并退出即可。

2. CPU 超频设置

当你拥有一个双核或多核的 CPU 时，想让它发挥得更出色，就要选择超频的形式来实现。那么应如何做才能实现 CPU 的超频？下面将通过修改主板的 BIOS 设置来实现 CPU 超频。

 操作步骤

步骤 1　首先启动电脑，在开机自检界面中，查看 CPU 的状态（记下原始状态，可以与超频后作比较，看超频成功与否），如图 8-17 所示。

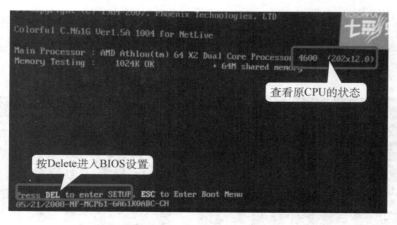

图 8-17　查看初始化内容

步骤 2　按照开机界面的提示，按键盘"DEL"键（即"Delete"键），进入 BIOS 设置界面，如图 8-18 所示。

步骤 3　选择"Colorful Magic Control（彩虹魔法控制）"进入，这是七彩虹主板特有的内嵌在 BIOS 中的超频功能，如图 8-19 所示。

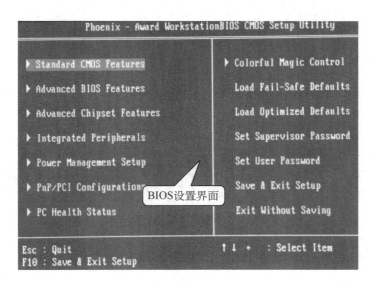

图 8-18 进入 BIOS 设置界面

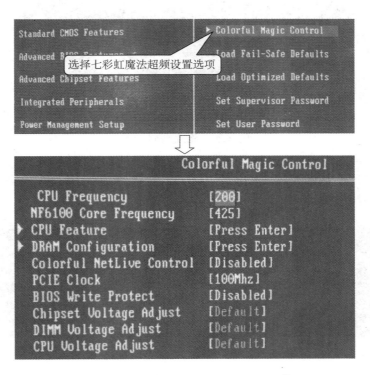

图 8-19 进入"Colorful Magic Control"

步骤 4 进入"Colorful Magic Control"界面后，选择"CPU Frequency（CPU 频率）"选项进行修改设置，如图 8-20 所示。

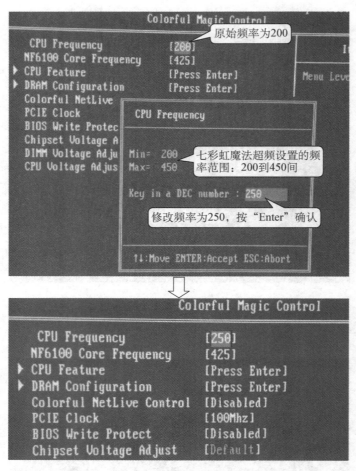

图 8-20　修改 CPU 频率

步骤 5　按"F10"热键保存并退出,然后重启计算机,查看自检信息,与超频前的 CPU 状态进行对比,查看超频结果,如图 8-21 所示。

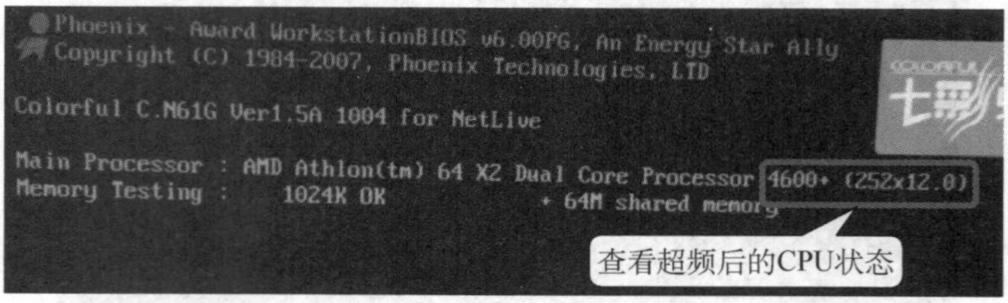

图 8-21　重启后查看 CPU 状态

提醒:其实七彩虹主板的超频功能与其他主板的超频功能一样,主要都是通过修改主板 BIOS 设置来改变 CPU 的外频、电压和倍频,从而实现 CPU 的超频。

课后巩固与强化训练

任务一：按照本项目介绍的 BIOS 设置方法，对计算机进行同样的 BIOS 设置。

任务二：按照本项目介绍的 CPU 超频设置方法，对计算机的 BIOS 进行超频。

项目九　硬盘分区与操作系统、驱动程序的安装

学习硬盘分区与操作系统、驱动程序的安装，对计算机使用者来说是十分必要的，因为新的硬盘在使用前要先进行格式化分区，目的是创建启动分区和格式，使系统能够安装在启动分区上，同时这样也便于数据的管理；之后要驱动计算机运转、实现人机交流就必须安装操作系统和驱动程序。

『**本项目主要任务**』

  任务一　DOS 常用命令
  任务二　对硬盘进行分区
  任务三　安装 Windows XP 操作系统
  任务四　安装设备驱动程序

『**本项目学习目标**』

  ● 掌握常用的 DOS 命令
  ● 学习如何对硬盘分区
  ● 学习使用 Ghost 备份和恢复分区

『**本项目相关视频**』

 视　频	视频文件	硬盘分区.wmv、安装 Windows XP 系统.wmv

任务一　DOS 常用命令

DOS(Disk Operating System，磁盘操作系统)是计算机初期的操作系统，它是通过输入 DOS 命令来驱使计算机工作和服务的，如图 9-1 所示。

1. DOS 系统的进入

如何进入 DOS 系统呢？一般用户可以把软盘、U 盘和光盘等制作成 DOS 启动盘，然后通过它们启动进入。目前多数采用光盘启动方式进入 DOS 系统，操作如下所示。

 步骤 1　按"Delete"键进入 BIOS，设置光驱为第一启动设备，如图 9-2 所示。

```
C:\>dir
 驱动器 c 中的卷没有标签。
 卷的序列号是 70D7-7863
                                            DOS系统的操作界面
 C:\ 的目录

2011-01-04  13:05                      0 AUTOEXEC.BAT
2011-01-04  13:05                      0 CONFIG.SYS
2011-01-04  13:07    <DIR>               Documents and Settings
2012-02-17  15:43    <DIR>               Intel
2012-02-25  02:45    <DIR>               ksDownloads
2012-02-17  16:32    <DIR>               NVIDIA
2012-02-14  13:29    <DIR>               pc_class
2012-02-23  10:14    <DIR>               Program Files
2012-02-28  23:25    <DIR>               WINDOWS
                 2 个文件              0 字节
                 7 个目录 12,599,787,520 可用字节

C:\>
```

图 9-1　DOS 的操作界面

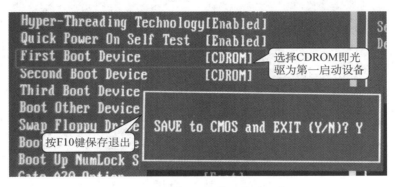

图 9-2　设置光驱为第一启动设备

步骤 2　放入启动光盘，重启计算机，计算机从光驱启动后，弹出软件工具选择界面，选择 DOS 的启动软件即可进入 DOS 系统，如图 9-3 所示。

图 9-3　启动光盘界面

2. 掌握和运用 DOS 命令

要使用 DOS 系统，就要掌握 DOS 常用命令的运用，下面先以常用 DOS 命令为例向读者进行介绍。

（1）使用"dir"命令查看文件

 操作步骤

步骤 1 在命令行输入"dir"并按 Enter 键确认，可以查看文件的大概信息，如图 9-4 所示。

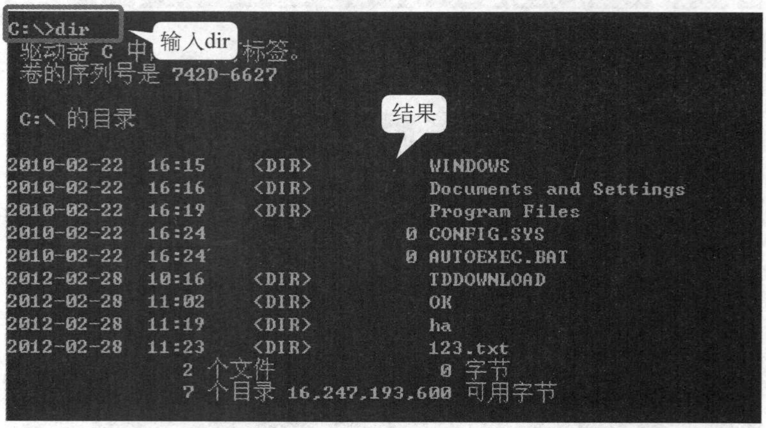

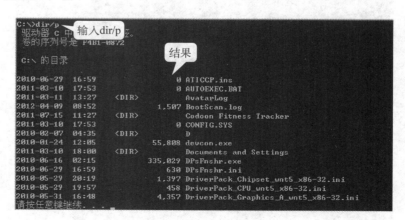

图 9-4 输入"dir"命令

步骤 2 在命令行输入"dir/p"并按 Enter 键确认，当文件目录太多而无法在屏幕显示全部时，该命令就会分页面显示文件目录，一页显示 23 行的文件目录，然后暂停，并提示"press any key to continue（请按任意键继续）"；当文件目录过少时，就等同于直接输入"dir"命令查看，如图 9-5 所示。

图 9-5 输入"dir/p"命令

步骤 3 在命令行输入"dir/w"并按 Enter 键确认，简略显示文件目录，如图 9-6 所示。

图 9-6 输入"dir/w"命令

步骤 4 在命令行输入"dir/a"并按 Enter 键确认,显示所有文件,如图 9-7 所示。

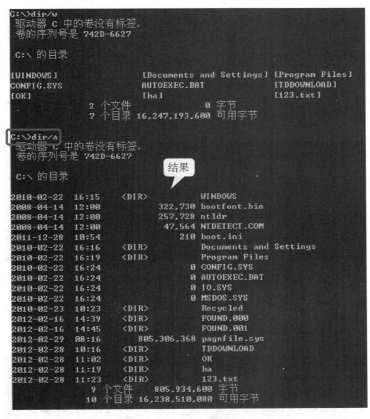

图 9-7 输入"dir/a"命令

 充电站

"dir"命令的详解

- 功能:显示磁盘目录的内容。
- 类型:内部命令。
- 格式:dir[盘符:][路径][/p][/w][/a][/s]

● 使用说明：

①"dir/p"：当查看的文件目录太多而无法在屏幕显示完时，屏幕就会分页面显示，一页显示 23 行的文件目录，然后暂停，并提示"press any key to continue（按任意键继续）"。

②"dir/w"：该命令只显示文件名，至于文件大小及建立的日期和时间则省略，同时每行可以显示五个文件名。

③"dir/a"：该命令显示所有文件，包括具有特殊属性的文件，这里的属性包括"h"（隐藏）、"r"（只读）等，我们可以输入"dir ＊.＊ /ah"来显示当前目录下所有具有隐藏属性的文件。

④"dir/s"：显示指定目录和所有子目录中的文件。

（2）使用"cd"命令进行文件目录的转换

 操作步骤

步骤 1　在命令行输入"cd/d d:"并按 Enter 键确认，可以进入 D 盘驱动器的目录下，如图 9-8 所示。

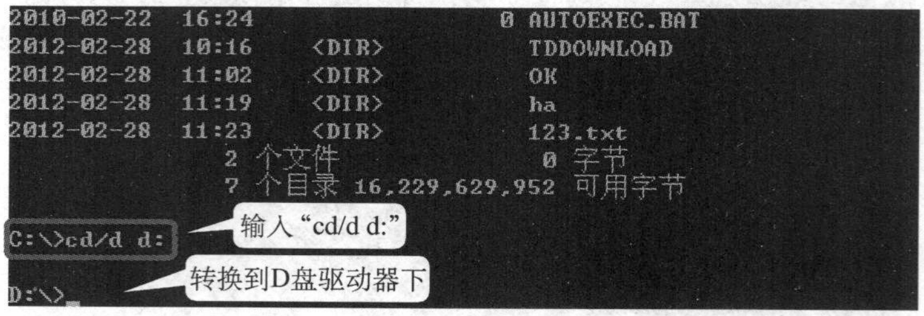

图 9-8　进入 D 盘驱动器的目录下

步骤 2　在命令行输入"dir"并按 Enter 键确认，查看 D 盘的文件目录中是否包含名为"OK"的文件目录，为下一步转换目录作准备，如图 9-9 所示。

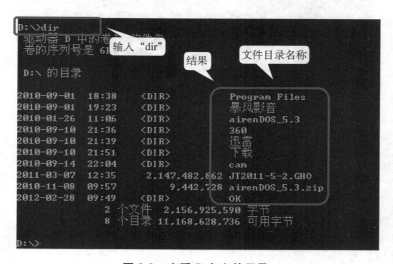

图 9-9　查看 D 盘文件目录

> **提醒:** 在转换目录前,用户可先运用"dir"查看当前的文件目录,确认想要转换的目标文件是否存在于该级目录下,还可以进一步确认目标文件所在目录的名称。

步骤3 在命令行输入"cd ok"并按 Enter 键确认,进入"OK"文件目录,如图 9-10 所示。

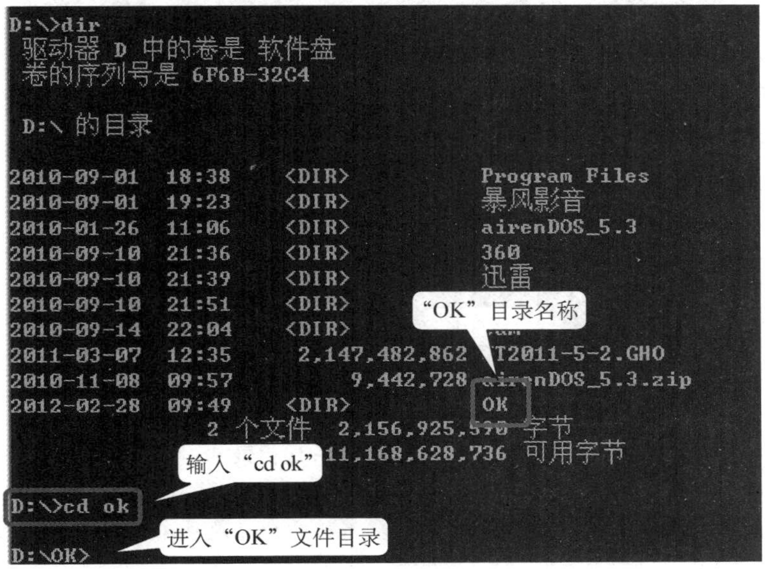

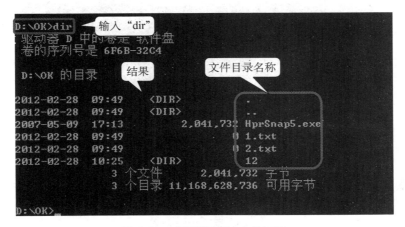

图 9-10 进入"OK"目录下

步骤4 在命令行再一次输入"dir"并按 Enter 键确认,查看"OK"下包含的文件目录,如图 9-11 所示。

图 9-11 查看"OK"的文件目录

步骤5 在命令行输入"cd 12"并按 Enter 键确认,进入"12"文件目录,如图 9-12 所示。

计算机组装与维修

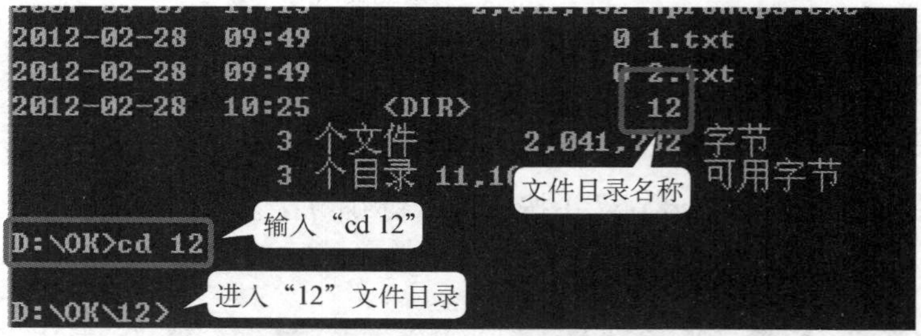

图 9-12   进入"12"文件下的文件目录

> **步骤6**　在命令行输入"cd.．"并按 Enter 键确认,退回到上一级目录,如图 9-13 所示。

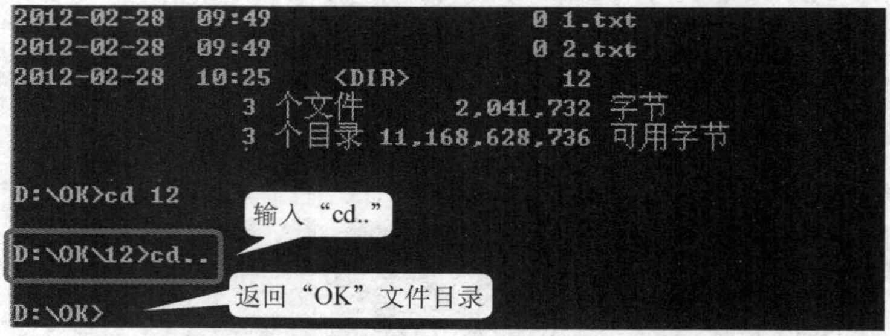

图 9-13   退回到上一级目录

> 提醒:退回上一级目录时,输入的"cd"后面跟着的两个点是英文输入法下的两个点".．"。

> **步骤7**　在命令行输入"cd\"并按 Enter 键确认,可直接退回到根目录,即 D 盘符目录下,如图 9-14 所示。

图 9-14   退回到根目录

充电站

"cd"命令的详解

● 功能:改变当前目录。
● 类型:内部命令。
● 格式:cd[/d] [.．] [\] [盘符:] [路径]

● 使用说明：
① 如果省略路径和子目录名则默认为当前目录。
② 若采用"cd\"格式，则退回到根目录。
③ 若采用"cd.."格式，则退回到上一级目录。
④ 使用"cd/d[盘符:]"命令，可以改变当前驱动器。

（3）使用"format"命令对 H 盘进行格式化

 操作步骤

步骤 1 在命令行中输入"format h:"命令并按 Enter 键确认，如图 9-15 所示。

图 9-15 输入"format h:"命令

步骤 2 按照提示准备操作完成后，按 Enter 键确认，正式开始格式化 H 盘，最后按 Enter 键确认格式化完成，如图 9-16 所示。

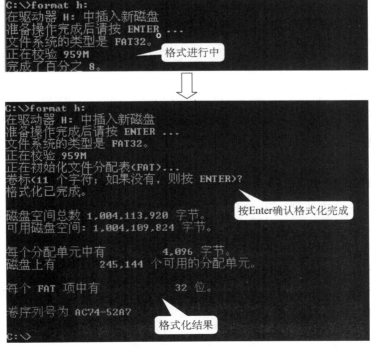

图 9-16 格式化 H 盘

充电站

format 命令的详解

● 功能：对磁盘进行格式化，划分磁道和扇区；同时检查出整个磁盘上有无带缺陷的磁道，对坏道加注标记；建立目录区和文件分配表，使磁盘作好接收"DOS"的准备。

● 类型：外部命令。

● 格式：format[盘符：][/s][/q][/u]

● 使用说明：

① 命令后的盘符不可缺省，若对硬盘进行格式化，则会有如下提示：Warning：all data on non — removable disk drive c：will be lost! Proceed with format（Y / N）？

警告：所有在 c 盘上的数据，将会丢失，确认要继续格式化吗{Y（确定）/N（否定）}？

② 若是对软盘进行格式化，则会有如下提示：Insert new diskette for drive A：and press ENTER when ready……。

在 A 驱中插入新盘，准备好后按回车键……

③ format/s：将把 DOS 系统文件 io. sys、msdos. sys 及 command. com 复制到磁盘上，使该盘可以作为 DOS 启动盘。若不选用"/s"参数，则格式化后的磁盘只能读写信息，而不能作为启动盘使用。

④ format/q：快速格式化，这个参数并不会重新划分磁盘的磁道和扇区，只能将磁盘根目录、文件分配表以及引导扇区清成空白，因此，格式化的速度较快。

⑤ format/u：表示无条件格式化，即破坏原来磁盘上所有数据，进行清除。若不加"/u"，则为安全格式化，即先建立一个镜像文件保存原来的 fat 表和根目录，必要时可用 unformat 恢复原来的数据。

3. 使用 DOS 命令的一些技巧

无论使用哪一种程序、命令或系统，都会有一些使用技巧，下面讲一下使用 DOS 命令的技巧。

（1）使用 DOS 命令须知

DOS 命令不区分大小写，如：文件夹的名称"Pro Files"，在 DOS 命令中完全可以用"pro files"代替。直接输入"盘符："，按回车键就可直接进入该盘，如：要直接进入 D 盘就输入"D："，如图 9-17 所示。

（2）使用 DOS 命令的一些功能键和特殊符号

DOS 系统中存在一个 Doskey 的命令记录器，在命令行上执行 Doskey 后将可以实现如表 9-1 所示的功能。

图 9-17　直接进入 D 盘

表 9-1　DOS 系统的功能键和特殊符号

序号	操作	含义	说明
(1)	按键盘的 F3 键或方向键"↑"、"↓"、"→"	回看上一次执行的命令	当需要再一次输入上一次的命令时，就可以通过按方向键重复上一次命令
(2)	"Ctrl＋C"组合键或"Break"键	中断进行中的操作	当想终止运行的命令时，就可以输入"Ctrl＋C"组合键或"Break"键终止
(3)	按鼠标右键选择"标记"	用来选择文本	当要选择文本或命令进行复制时，需要先按鼠标右键选择"标记"，才可以选择文本或命令
(4)	按鼠标右键选择"复制"	用来复制文本	标记、选择文本或命令后，就可以按鼠标右键选择"复制"
(5)	按鼠标右键选择"粘贴"	用来把剪贴板内容粘贴到提示符下	当复制了文本或命令后，可以按鼠标右键选择"粘贴"，将内容复制到目标位置上
(6)	按键盘的"F7"键	查看及执行用过的命令	查看先前用过的所有命令，并可选择这些命令中的一个执行
(7)	在命令行输入"[命令]/?"	可以查看该 DOS 命令的帮助信息	如：输入"dir/?"，就可查看"dir"命令的所有操作说明、含义和附加参数
(8)	在命令行输入"?"或"*"	DOS 命令下的通配符："?"表示任意单个字符"*"则表示任意字符或字符串	"?.exe"表示任意单个字符的执行文件可以是"1.exe"或"2.exe"或"a.exe"…… "*.exe"则是任意字符或字符串的执行文件，如："1.exe"或"2a.exe"或"2ax.exe"……

计算机组装与维修

4. 其他常用 DOS 命令

除了前面三个常用的 DOS 命令，还有其他常用 DOS 命令，如表 9-2 所示。

表 9-2　其他常用 DOS 命令

序号	命令	功能	类型	格式
（1）	Md	创建新子目录	内部命令	Md［盘符：］［路径名］［子目录名］
（2）	Rd	从指定的磁盘删除目录	内部命令	Rd［盘符：］［路径名］［子目录名］
（3）	Path	设备可执行文件的搜索路径，只对文件有效	内部命令	Path［盘符1：］［目录路径名1］;{［盘符2：］［目录路径名2］……}
（4）	Tree	显示指定驱动器上所有目录路径和这些目录下的所有文件名	外部命令	Tree［盘符：］［/f］［> prn］
（5）	Deltree	删除整个目录命令	外部命令	Deltree［盘符：］［路径名］
（6）	Tasklist	将整个计算机的进程显示出来，功能类似任务管理器	外部命令	Tasklist
（7）	Unformat	对进行过格式化误操作丢失数据的磁盘进行恢复	外部命令	Unformat［盘符：］［/l］［/u］［/p］［/test］
（8）	Chkdsk	显示磁盘状态、内存状态和指定路径下指定文件的不连续数目	外部命令	Chkdsk［盘符：］［路径名］［文件名］［/f］［/v］
（9）	Type	显示 Ascii 码文件的内容	内部命令	Type［盘符：］［路径名］［文件名］
（10）	Ren	更改文件名称	内部命令	Ren［盘符：］［路径名］［旧文件名］［新文件名］
（11）	Scandisk	检测磁盘的 fat 表、目录结构、文件系统等是否有问题，并可将检测出的问题加以修复	外部命令	Scandisk［盘符1：］{［盘符2：］…}［/all］
（12）	Defrag	整理磁盘，消除磁盘碎片	外部命令	Defrag［盘符：］［/f］

序号	命令	功能	类型	格式
(13)	Sys	将当前驱动器上的 DOS 系统文件"io. sys"、"msdos. sys"和"command. com"传送到指定的驱动器上	外部命令	Sys〔盘符：〕
(14)	Copy	拷贝一个或多个文件到指定盘上	内部命令	Copy〔源盘符：〕〔源路径名〕〔源文件名〕〔目标盘符：〕〔源路径名〕〔目标文件名〕
(15)	Xcopy	复制指定的目录和目录下的所有文件(连同目录结构)	外部命令	Xcopy〔源盘符：〕〔源路径名〕〔目标盘符：〕〔目标路径名〕〔/s〕〔/v〕〔/e〕
(16)	Del	删除指定的文件	内部命令	Del〔盘符：〕〔路径名〕〔文件名〕〔/p〕
(17)	Attrib	修改指定文件的属性	外部命令	Attrib〔文件名〕〔r〕〔-r〕〔a〕〔-a〕〔h〕〔-h〕〔-s〕
(18)	Cls	清除屏幕上的所有显示,光标置于屏幕左上角	内部命令	Cls
(19)	Time	设置或显示系统时间	内部命令	Time〔hh:mm:ss:xx〕
(20)	Date	设置或显示系统日期	内部命令	Date〔mm-dd-yy〕

任务二　对硬盘进行分区

随着硬盘容量的增大,放入的资料和信息也随之增大,如果不将数据分区管理,那么全部数据堆在一个区上,管理起来将非常混乱。因此,要对硬盘进行分区管理。本任务将带领读者认识如何进行硬盘分区。

1. 硬盘分区的定义和格式

要进行硬盘分区首先要明白它的作用和内容。

(1) 硬盘分区的作用

硬盘分区是指将硬盘的物理存储空间划分成多个逻辑区域,如:"C:"、"D:"和"E:"三个逻辑区域,各个区域之间相互独立管理,同时也可以相互之间通过系统操作来交换数据。硬盘分区一般将硬盘划分成四种类型,如表9-3所示。

表 9-3　硬盘分区的类型

序号	名称	定　　义	说明
(1)	主分区	主分区,也称为主磁盘分区,主分区中不能再划分其他类型的分区(主分区是直接在硬盘上划分的,逻辑分区则必须建立于扩展分区中)。它是用来安装操作系统的,一般只有一个主分区时,都默认作为 C 区	一个硬盘最少有 1 个主分区,最多有 4 个。主分区和扩展分区的总数目也不能超过 4 个
(2)	扩展分区	除主分区外,其余的部分一般都划分成扩展分区,它是为逻辑分区作准备的	不能直接使用,只能划分成逻辑分区后才能使用
(3)	逻辑分区	逻辑分区是从扩展分区划分出来的。一般用于放置音乐、图片和电影等数据	可以划分多个逻辑分区,大小视硬盘容量而定
(4)	活动分区	活动分区就是将主分区激活,就成了活动分区,它是用于加载系统启动信息的分区。必须有活动分区否则安装操作系统会失败	必须从主分区激活,如果不激活,硬盘无法正常启动操作系统

> **提醒:**硬盘物理存储空间＝主分区存储空间＋扩展分区存储空间＋其他未划分部分;扩展分区存储空间＝逻辑分区存储容量总和。

(2) 硬盘分区的格式

为了方便系统管理,就要统一存储格式,从而产生硬盘分区格式。不同的操作系统有不同的管理格式,而随着技术的发展,硬盘分区格式已经演化成很多种,如表 9-4 所示。

表 9-4　硬盘分区格式

序号	名称	定　　义	说明
(1)	FAT16	是 DOS 系统所采用的格式,它采用 16 位文件分配表,最大支持 2GB 的硬盘分区,是最初期的分区格式。大多数系统都支持这种格式,但它对硬盘的利用率很低	这是最早的系统格式,目前已经很少使用,一般是 DOS 系统使用
(2)	FAT32	是在 FAT16 的基础上推出的另一种新格式,它修改了原 FAT16 的不足,能支持单个分区最大 2TB 的容量,而且单个分区小于 8 GB 时,每个簇的大小能固定在 4 KB	Windows 98、XP、2000 和 2003 系统都可以使用这种格式
(3)	NTFS	是在 Windows NT 操作系统系列中采用的格式,是一种比 FAT32 更高一级的格式,这种格式不易产生文件碎片,在硬盘利用率和读写速度上比 FAT32 更好,而且采用记录用户操作日志和权限控制使得安全性能更好	Windows XP、Win 7 和 Vista 等系统可使用这种格式

计算机组装与维修

序号	名称	定义	说明
(4)	Ext2	是 Linux 操作系统中的专用格式,具有簇存取快的特点,对一些中小型数据文件有着很快的存取速度	支持单个分区最大 2 TB 的容量
(5)	Ext3	是在 Ext2 的基础上发展出来的一种更高级的格式,能兼容 Ext2 分区格式,比 Ext2 的存取速度更快、数据安全度更高和文件系统转换更快捷等	添加日志功能,能支持多种日志模式

提醒:由于不同的操作系统适合采用不同的格式,因此,在安装系统时,要根据实际情况选择硬盘的格式,做好硬盘分区。

(2) 硬盘分区操作

当了解硬盘分区的定义和格式之后,那么就能够清楚地理解硬盘分区操作的目的——方便数据管理、安装操作系统和提高数据的安全性等。下面将介绍如何进行硬盘分区操作。

(1) 硬盘分区的流程

无论将硬盘分成多少个区,其操作原理都是相同的,而它的流程如图 9-18 所示。

图 9-18　硬盘分区流程图

(2) 硬盘分区的方式

进行硬盘分区有如下几种方式:

① 在 DOS 系统下,运用 Fdisk 程序进行硬盘的分区格式化。这种方式是针对 FAT16 和 FAT32 两种格式的系统而设计的,它是最初期的分区方式,只能对低容量的硬盘进行格式化(一般在 160 G 以下),但目前的主流硬盘的容量都是 200 G 以上,因此该方式已经被逐渐淘汰。

② 运用系统安装程序进行硬盘的分区格式化。这种方式是专门针对系统自身需要的格式而设计的,目的是方便系统安装和管理,如:Windows XP 系统安装(后面介绍安装操作系统时将会使用这种方法),一般在安装和重装系统时会用到。

③ 使用专业分区工具软件对硬盘进行分区格式化。这种方式是目前最常用的,因为它更加专业、安全,而且操作简单明了,几乎支持所有的格式分区。

(3) 硬盘分区的操作

从前面三种分区方式来看,使用专业分区工具软件是目前硬盘分区最适合的方式,因为目前主流硬盘都是 200 G 以上的容量,而且操作系统已经用到 Windows XP 以上的版本,如:

Windows 7、8 和 Vista 等。专业分区工具软件有 PM 8.05 图形化分区工具、分区助手专业版 4 和 DM 9.57 等，下面就以 PM 8.05 图形化分区工具为例讲述新硬盘的分区操作。

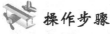 **操作步骤**

步骤 1 启动计算机，将分区软件光盘放入光驱中。

步骤 2 按热键进入 BIOS，设置光驱为第一启动设备，按 F10 键保存退出 BIOS，并重启计算机，如图 9-19 所示。

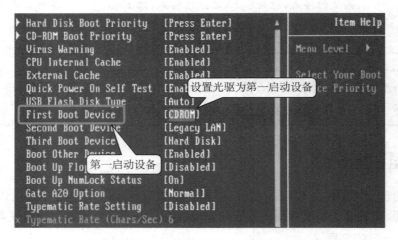

图 9-19 设置光驱为第一启动设备

> **提醒**：在项目八中有介绍过不同版本 BIOS 保存修改并退出的各种热键，本例是 Phoenix-Award BIOS。

步骤 3 重启后，计算机从光驱启动，弹出分区软件的选择界面，选择 PM 8.05 图形化分区工具，如图 9-20 所示。

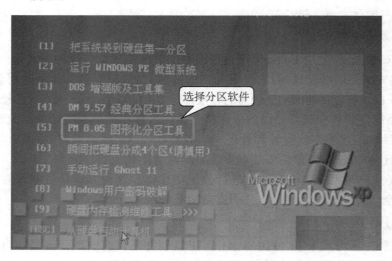

图 9-20 选择分区软件

计算机组装与维修

步骤4 进入 PM 8.05 图形化分区工具的界面,如图 9-21 所示。

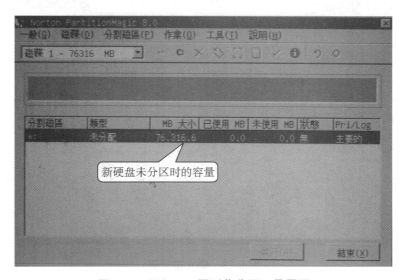

图 9-21　PM 8.05 图形化分区工具界面

> **提醒:** 当只显示一个未分配的容量时,就表示硬盘未建立逻辑区域,未写入分区表。同时反映硬盘有可能是新硬盘,尚未作分区格式化处理。

步骤5 首先建立主分区。

① 单击选择未分配的硬盘容量,再单击鼠标右键,弹出右键菜单,选择"建立",如图 9-22 所示。

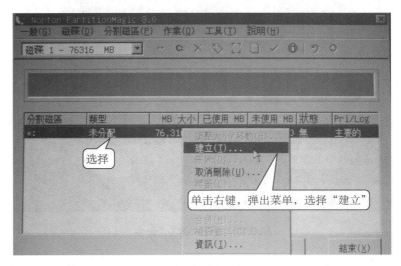

图 9-22　选择"建立"命令

② 系统弹出"建立分割磁区"界面即创建分区界面,选择建立"主要分割磁区",类型为"NTFS"格式,大小为"15000",最后单击"确定"即可,如图 9-23 所示。

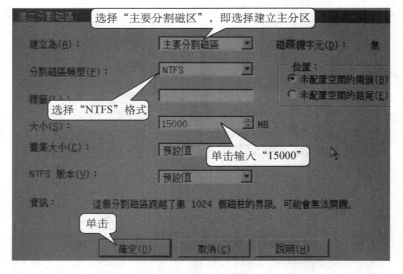

图 9-23 建立主分区

> **提醒:**主分区一般是用来安装操作系统和一些必要软件的,一般不用分配太大容量,避免浪费,通常是 15 G 以内即可。

步骤 6 建立扩展分区部分,即逻辑分区部分。

① 回到主界面,继续选择未分配部分,单击右键选择"建立",如图 9-24 所示。

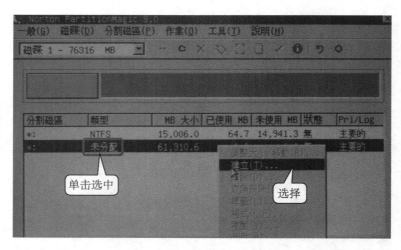

图 9-24 选择"建立"命令

② 系统弹出创建分区界面,选择建立"逻辑分割磁区",类型为"NTFS"格式,大小为"20000",最后单击"确定"即可,如图 9-25 所示。

③ 继续创建逻辑分区。同理回到主界面,单击右键选择"建立",如图 9-26 所示。

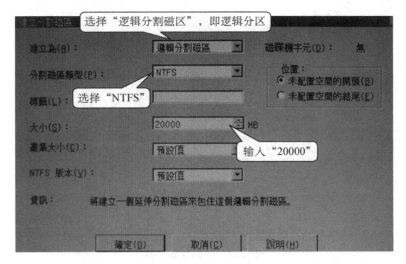

图 9-25　设置逻辑分区

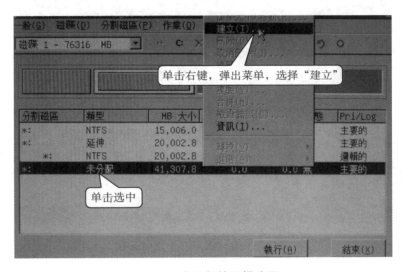

图 9-26　建立新的逻辑分区

> **提醒**：逻辑分区是用来放置资料文件的，一般容量要求要足够大，但为了方便管理资料，都会划分出几个逻辑分区来分类放置不同类型的资料，如：音乐文件、文档文件和图片文件等。

④ 系统弹出创建分区界面，选择建立"逻辑分割磁区"，类型为"NTFS"格式，大小为"20000"，单击"确定"即可，如图 9-27 所示。

⑤ 同理，把余下的空间都创建为一个逻辑分区，单击右键选择"建立"，弹出创建分区界面，按照图 9-28 所示进行操作即可。

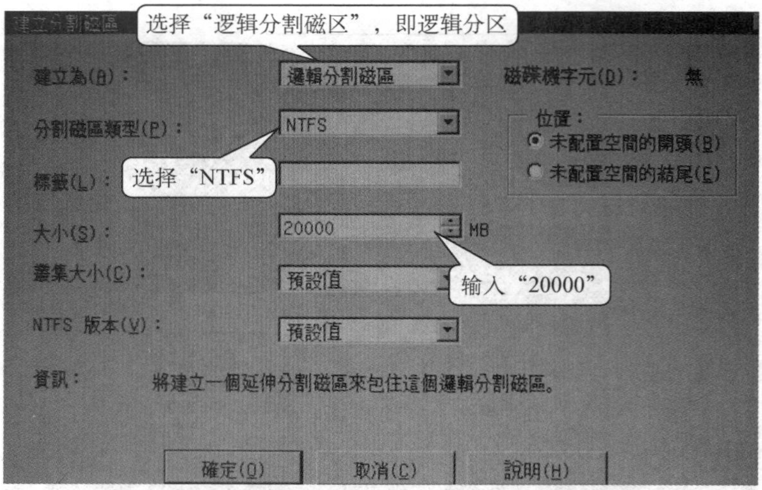

图 9-27　设置逻辑分区

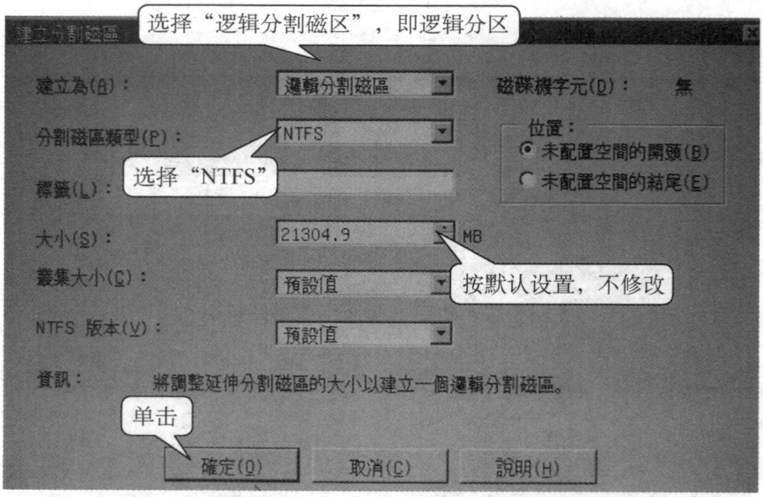

图 9-28　创建最后一个逻辑分区

> **提醒**：为了避免存储容量的浪费，最好把余下的容量全部都分到最后的一个逻辑分区里。

步骤 7　激活活动分区。回到主界面选中主分区，单击右键选择"设定为作用"命令，此时弹出确认对话框，单击"确定"即可将主分区变成活动分区，如图 9-29 所示。

> **提醒**：将主分区变成活动分区是必不可少的一步，活动分区是计算机系统分区，分区表信息和操作系统的启动文件等都装在该分区。只有设置活动分区后才能安装操作系统。

步骤 8　最后单击主界面的"执行"按钮并确认后，软件会自动执行所有分区操作，如图 9-30 所示。

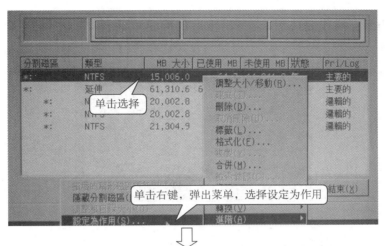

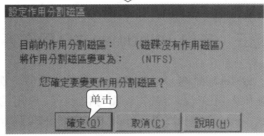

图 9-29　激活主分区

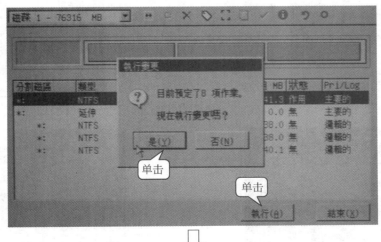

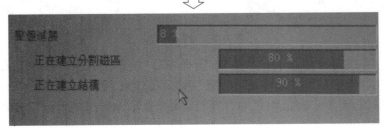

图 9-30　执行分区操作

步骤9 当所有操作完成后，会弹出重启的确定对话框，单击"确定"即可，如图 9-31 所示。

图 9-31　重启计算机

任务三　安装 Windows XP 操作系统

操作系统（Operating System，简称 OS）是控制和管理软硬件资源的程序集合体，它主要负责资源分配、程序控制和人机交流。操作系统有很多种，常用的操作系统有：Windows XP、Windows 7、Windows Vista、Mac OS X、Linux 等，如图 9-32 所示。

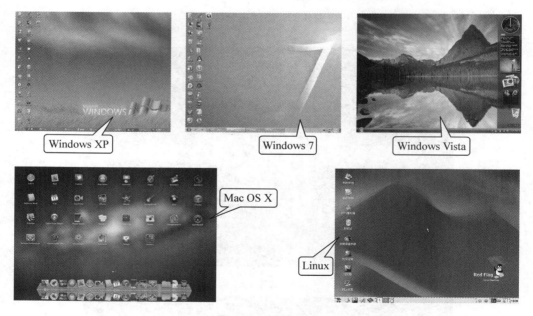

图 9-32　操作系统

不同的操作系统对硬件有不同的要求，同样，不同的硬件对操作系统也有不同的要求。那么应当如何选择操作系统与硬件相适应呢？对于品牌机、笔记本电脑等，一般商家都会预装合适的操作系统，但用户自己组装的计算机，就要考虑操作系统和硬件配置方面的要求，如表 9-5 所示。

表 9-5　操作系统对硬件配置的要求

操作系统	CPU 主频	硬盘容量	最低内存容量	推荐内存容量
Windows XP	233 MHz 以上	1.5 GB 以上	128 MB	512 MB 以上
Windows 7	1.5 GHz 以上	20 GB 以上	512 MB	1 GB 以上
Windows Vista	1.5 GHz 以上	20 GB 以上	512 MB	2 GB 以上
Mac OS X	2 GHz 以上	5 GB 以上	1 GB 以上	2 GB 以上
红旗 Linux 4.0	1.5 GHz 以上	15 GB 以上	1 GB 以上	2 GB 以上

由上面的表可以看出,安装操作系统时,要注意硬件能否达到相应的要求,才能安装。每个操作系统中又包含多个版本,如:Windows XP 有 Professional(专业版)、Home Edition(家庭版)和 Media Center Edition(媒体中心版)等,它们的安装过程都一样,只是在某些功能上有区别,下面以 Windows XP Professional 系统的安装为例讲述操作系统的安装。

 操作步骤

步骤 1　启动计算机,放入 Windows XP 系统安装光盘到光驱中。

步骤 2　按热键进入 BIOS,设置光驱为第一启动设备,如图 9-33 所示。

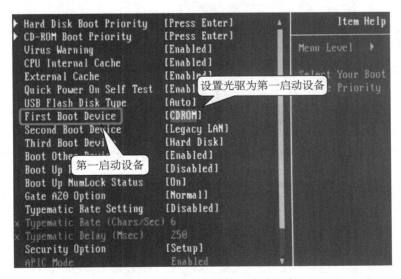

图 9-33　设置光驱为第一启动设备

步骤 3　按"F10"键或选择 BIOS 设置选项"Save & Exit Setup",保存并退出 BIOS 设置(BIOS 被保存在 CMOS 记忆体中),如图 9-34 所示。

步骤 4　退出 BIOS 后,计算机自动重启,从光驱中读取光盘,屏幕弹出 Windows XP 系统安装程序界面,如图 9-35 所示。

步骤 5　按"Enter"键开始安装 Windows XP 系统,弹出 Windows XP 系统许可协议,然后按"F8"键同意安装,如图 9-36 所示。

计算机组装与维修

图 9-34 退出并保存 BIOS 设置

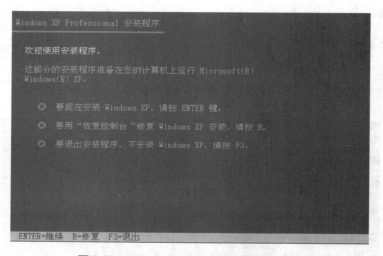

图 9-35 Windows XP 系统安装程序界面

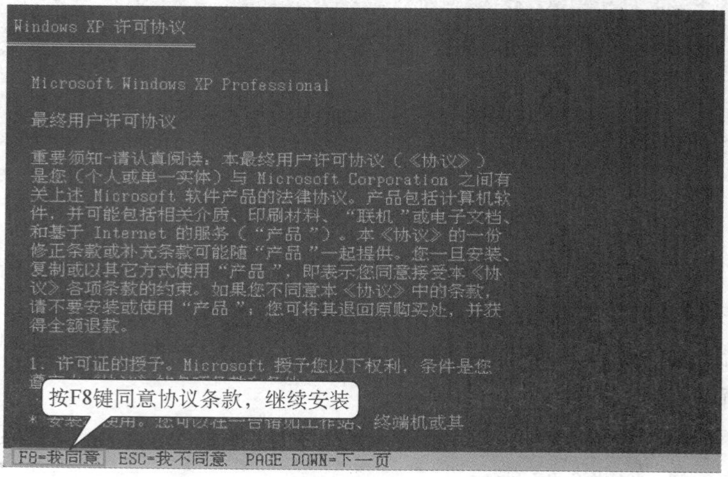

图 9-36 Windows XP 系统许可协议

步骤 6 　进入系统安装的分区选择界面，如果是新装的未分区的计算机，就按"C"键创建分区；如果已经分好区的，则选择其中一个分区按"Enter"键继续安装；如果想重新分区则按"D"删除分区，再按"C"键重新分区，如图 9-37 所示。

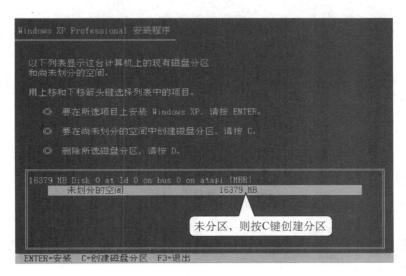

图 9-37　选择分区安装系统

步骤 7 　进入创建分区的界面，输入第一分区的大小，如："5000 MB"，按"Enter"键确认创建第一分区，如图 9-38 所示。

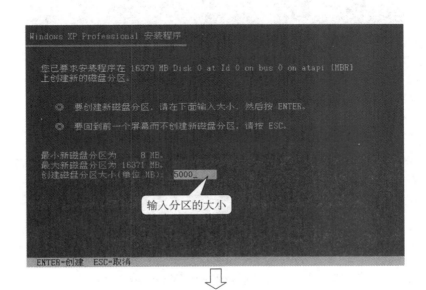

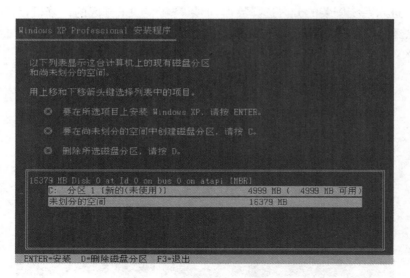

图 9-38　创建第一分区

> **提醒**：第一分区是用来安装操作系统和软件的，一般情况，设置第一分区的容量尽量大一些。

步骤 8　同理创建其他分区，比如，若总共要创建四个分区，一般就会创建 C、D、E、F 四个区，如图 9-39 所示。

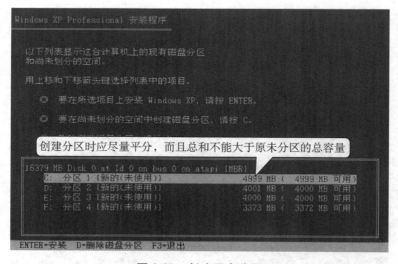

图 9-39　创建四个分区

步骤 9　选择"分区 1"并按"Enter"键继续安装 Windows XP 系统，弹出分区格式选择界面，选择自己需要的格式并按"Enter"键继续安装，如图 9-40 所示。

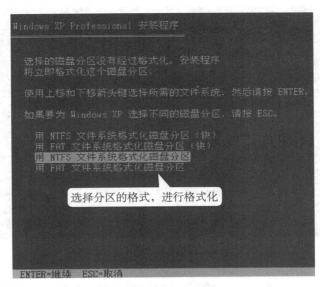

图 9-40　选择分区的格式

步骤 10　安装程序进入磁盘检查和复制过程，当检查完后，安装程序会自动复制
Windows XP 系统文件到硬盘 C 分区中，大概花几分钟时间，如图 9-41 所示。

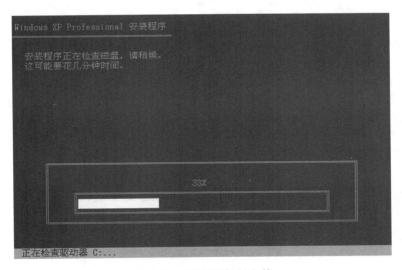

图 9-41　检查和复制文件

步骤 11　检查安装完后，安装程序会自动重启计算机，并进入 Windows XP 图形化安装
界面，进行信息收集、动态更新和准备安装，如图 9-42 所示。

步骤 12　图形化安装过程有安装提示，只要按照提示，单击"下一步"和填写相应的信息
即可，如图 9-43 所示。

提醒：一般情况，都保留默认设置，直接单击"下一步"，需要填写信息就按要求填写相
应的信息即可，如果想自定义安装的过程和组件，则单击"自定义"来设置。

Windows XP
收集信息
动态更新
准备安装
安装 Windows
完成安装
安装程序大约会在以下时间内完成：
39 分钟
令人耳目一新的新版面
Windows(R) XP Professional 的全新图形设计在性能上易于操作、易于浏览；在外观上优雅大方、风格清新、色彩诱人。
重新设计的「开始」菜单便于您查找重要信息并访问最常使用的程序。
通过自动清除通知区域，并分组相关任务栏项目，Windows XP 允许您轻松地在程序间进行切换，以及同时打开、查看或关闭多个项目。

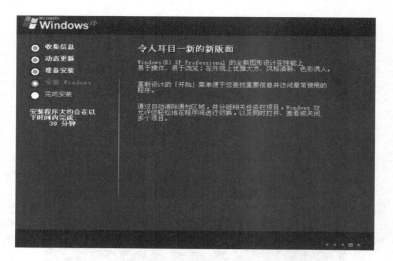

图 9-42　图形化安装过程

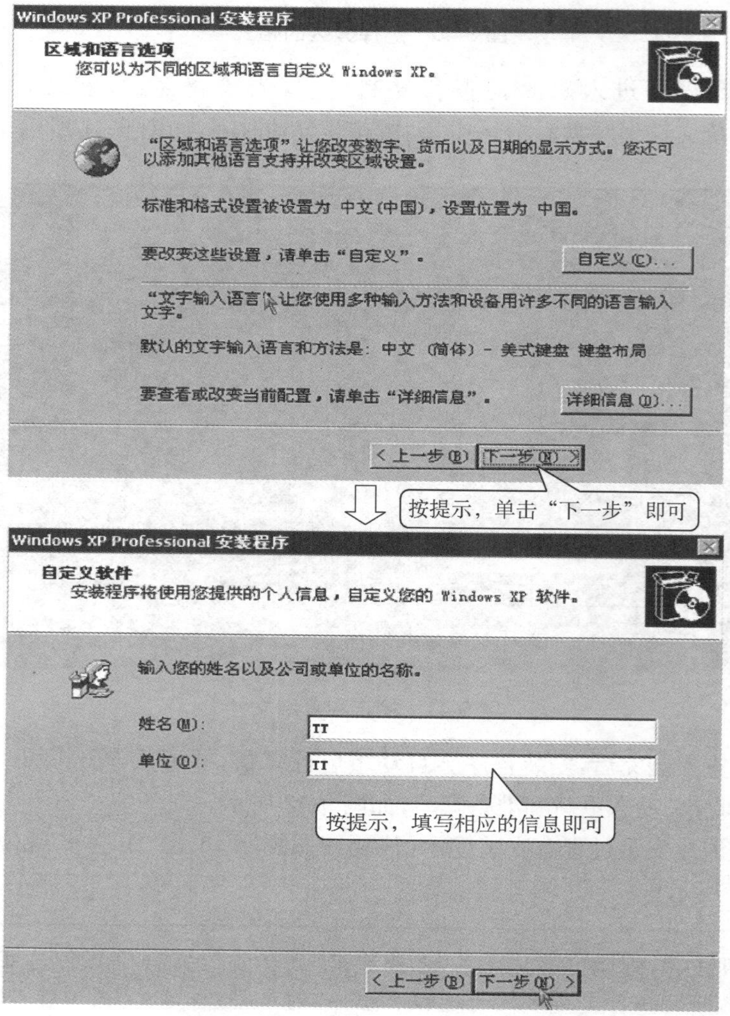

Windows XP Professional 安装程序
区域和语言选项
您可以为不同的区域和语言自定义 Windows XP。
“区域和语言选项”让您改变数字、货币以及日期的显示方式。您还可以添加其他语言支持并改变区域设置。
标准和格式设置被设置为 中文(中国)，设置位置为 中国。
要改变这些设置，请单击“自定义”。
自定义(C)...
“文字输入语言”让您使用多种输入方法和设备用许多不同的语言输入文字。
默认的文字输入语言和方法是：中文 (简体) - 美式键盘 键盘布局
要查看或改变当前配置，请单击“详细信息”。
详细信息(D)...
< 上一步(B)
下一步(N) >
按提示，单击“下一步”即可
Windows XP Professional 安装程序
自定义软件
安装程序将使用您提供的个人信息，自定义您的 Windows XP 软件。
输入您的姓名以及公司或单位的名称。
姓名(M)：
TT
单位(O)：
TT
按提示，填写相应的信息即可
< 上一步(B)
下一步(N) >

图 9-43　按提示单击和填写信息

步骤 13 进入产品密钥输入界面,输入产品包装盒上或说明书上的密钥序列号,单击"下一步"完成输入,如图 9-44 所示。

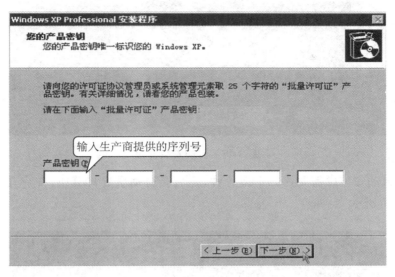

图 9-44 输入产品密钥

步骤 14 设置账户信息、日期和时间,如图 9-45 所示。

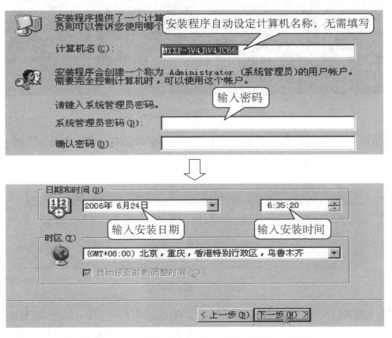

图 9-45 设置账户信息、系统日期和时间

步骤 15 其他的设置可保留默认设置,直接单击"下一步"直至安装程序进入自动安装界面,如图 9-46 所示。

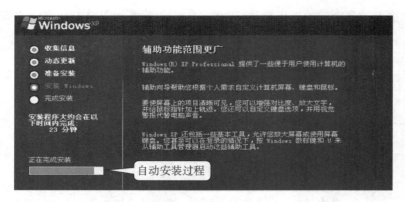

图 9-46　自动安装界面

步骤 16　自动安装过程大约二十多分钟，之后会自动重启计算机，并启动 Windows XP 系统，如图 9-47 所示。

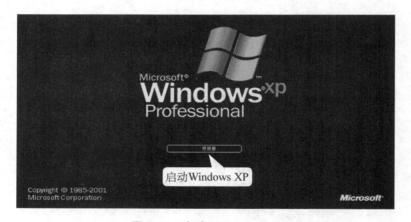

图 9-47　启动 Windows XP

步骤 17　Windows XP 系统启动后，弹出显示设置对话框，单击"确定"进入下一步，如图 9-48 所示。

图 9-48　显示设置

步骤 18　进入欢迎界面后，继续保留默认设置单击"下一步"，直至弹出 Internet 连接设置界面，单击"跳过"，因为在安装完系统后，进入系统里设置 Internet 会比较好，那时可以直接插上网线进行测试，如图 9-49 所示。

步骤 19　进入激活界面，单击"否"选项，拒绝激活，因为在安装完系统后，进入系统时可以直接单击激活，而现在需要的是节省安装时间。继续单击"下一步"，如图 9-50 所示。

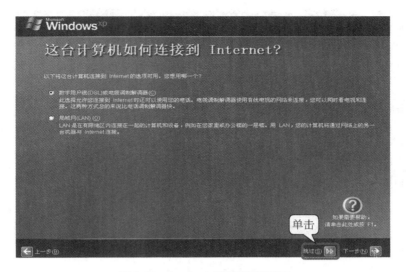

图 9-49 Internet 连接设置界面

图 9-50 Windows XP 系统激活界面

步骤 20 进入用户名设置界面,输入自己喜欢的用户名(可以设置 1 到 5 个用户),一般填写数字或字母,再单击"下一步",如图 9-51 所示。

步骤 21 最后单击"完成"按钮就可完成安装,之后自动进入 Windows XP 系统操作界面,如图 9-52 所示。

任务四 安装设备驱动程序

安装完操作系统后,计算机还不可以使用,还要安装设备驱动程序,之后计算机才能正常运行。安装驱动程序一般要按顺序来安装,目的是为了防止系统在资源分配中产生冲突,从而使系统不稳定,如图 9-53 所示。

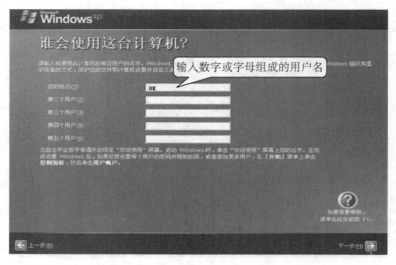

图 9-51　设置用户名

图 9-52　Windows XP 系统操作界面

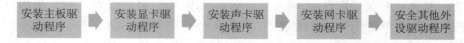

图 9-53　安装驱动程序的顺序

1. 安装主板驱动程序

首先要安装主板驱动程序，因为它是所有设备的"载体"。下面以在 Windows XP Professional 操作系统下通过光盘安装主板驱动程序为例，讲述主板驱动程序安装方法。

 操作步骤

步骤 1　将主板驱动程序安装光盘放入到光驱，让光盘自动运行。

步骤 2 弹出安装程序界面，选择主板芯片组驱动程序，如图 9-54 所示。

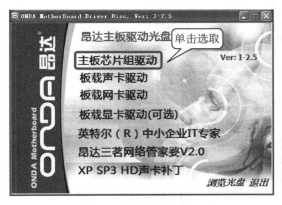

图 9-54　主板驱动程序安装界面

图 9-55　主板芯片组选择界面

步骤 3 进入主板芯片组型号选择界面，如：945/G31/P31/P35 Series 型号，直接单击选取，如图 9-55 所示。

> **提醒**：用户可通过查阅主板附带的说明书，来确认主板芯片组的生产商和型号。

步骤 4 进入安装程序欢迎界面，直接单击"下一步"即可，如图 9-56 所示。

图 9-56　欢迎界面

图 9-57　安装许可协议界面

步骤 5 弹出安装许可协议，直接单击"是"，接受协议，如图 9-57 所示。

步骤 6 其余步骤都使用默认设置，直接单击"下一步"即可，最后进入自述文件界面，如图 9-58 所示。

> **提醒**：只要前面选对芯片组型号，后面安装都以默认设置，直接单击"下一步"即可，因为驱动程序的默认安装模式常常是最合适的安装方式。

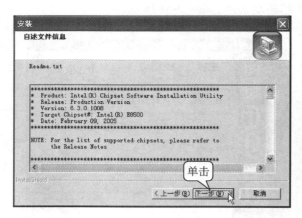
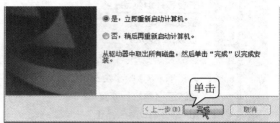

图 9-58　自述文件　　　　　　　　　　　　　图 9-59　重启计算机

步骤 7　最后，单击"完成"，重启计算机即可，如图 9-59 所示。

2. 安装显卡驱动程序

显卡是计算机图像显示的关键硬件，没有它，计算机的一切运作都无法可视化。但要显卡运作就必须为它安装驱动程序。下面以在 Windows XP Professional 操作系统下通过光盘安装显卡驱动程序为例，讲述显卡驱动程序的安装方法。

操作步骤

步骤 1　启动安装程序。将安装程序光盘放入光驱，打开光盘内容，双击安装程序文件，如图 9-60 所示。

图 9-60　启动安装程序

步骤 2　弹出安装路径选择界面，直接单击"OK"，如图 9-61 所示。

步骤 3　安装程序自动解压文件，并复制到指定文件夹中，如图 9-62 所示。

图 9-61　选择安装路径

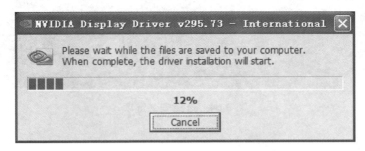

图 9-62　自动复制文件

步骤4 弹出软件许可协议,单击"同意并继续"接受许可协议,如图 9-63 所示。

图 9-63　软件许可协议

计算机组装与维修

步骤 5　按照提示，选择"精简"推荐选项并单击"下一步"，如图 9-64 所示。

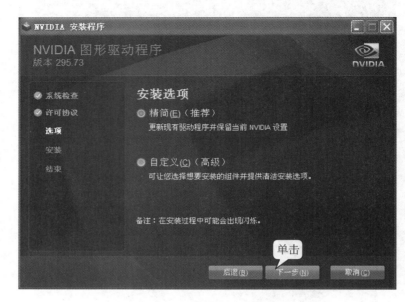

图 9-64　选择安装选项

步骤 6　安装程序自动安装驱动程序，如图 9-65 所示。

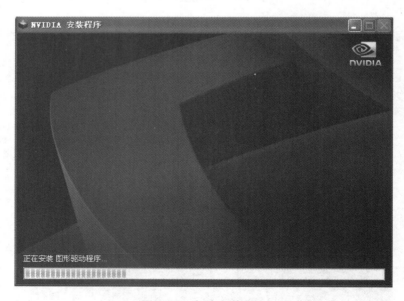

图 9-65　自动安装程序

步骤 7　安装完成后，弹出重启提示，直接单击"马上重新启动"，使计算机重启，如图9-66 所示。

图 9-66　重启计算机

课后巩固与强化训练

任务一：在 Window XP 系统中，单击"开始/运行"命令，弹出"运行"对话框，然后输入"CMD"，进入 MSDOS(非纯 DOS)中，按任务一中的内容练习常用 DOS 命令的使用方法，进一步熟悉 DOS 命令。

任务二：使用启动盘进入 DOS 界面，按照任务一的内容，输入常用 DOS 命令，加深认识。

任务三：参照本项目中安装操作系统的内容，找一台计算机进行硬盘分区、系统安装，并为该计算机安装驱动程序。

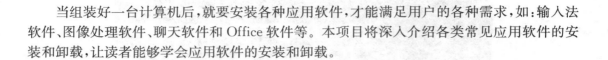

项目十　应用软件的安装和卸载

当组装好一台计算机后,就要安装各种应用软件,才能满足用户的各种需求,如:输入法软件、图像处理软件、聊天软件和 Office 软件等。本项目将深入介绍各类常见应用软件的安装和卸载,让读者能够学会应用软件的安装和卸载。

『本项目主要任务』

任务一　安装和卸载办公软件

任务二　安装和卸载输入法软件

任务三　安装和卸载聊天软件

任务四　安装和卸载音乐软件

『本项目学习目标』

● 掌握办公软件、输入法软件、聊天软件、音乐软件的安装和卸载

● 能够举一反三,掌握其他常见应用软件的安装和卸载方法

『本项目相关视频』

视　频	视频文件	办公软件的安装和卸载视频、输入法的安装和卸载视频

任务一　安装和卸载办公软件

什么是办公软件? 办公软件就是用来处理文字和表格的软件,如:Word、Excel 和 Frontpage 等,如图 10-1 所示。

办公软件是如何安装和卸载的? 下面就向读者介绍 Microsoft Office 2010 的安装和卸载。

1. 安装 Office 软件

Microsoft Office 2010 办公软件可从网上下载安装,也可购买光盘来安装,它们的安装方式大同小异,下面以光盘形式介绍如何安装 Microsoft Office 2010。

 操作步骤

步骤 1　启动安装程序。将光盘放入光驱,打开光盘内容,双击安装程序文件"setup",如图 10-2 所示。

图 10-1　Microsoft Office 办公软件

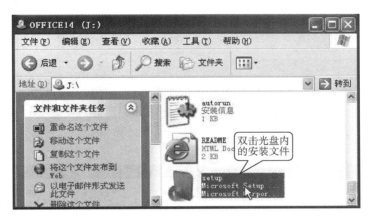

图 10-2　激活安装程序

步骤 2　程序弹出 Microsoft Office 2010 安装界面，并自动开始解压文件，如图 10-3 所示。

图 10-3　Microsoft Office 2010 安装界面

步骤 3 程序进入"软件许可证协议"界面,选择"我接受此协议的条款",然后单击"继续",如图 10-4 所示。

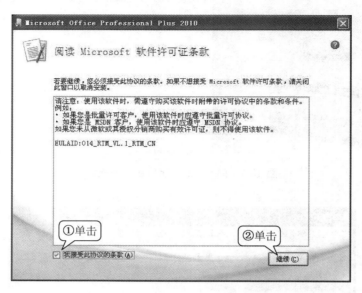

图 10-4 软件许可证协议界面

步骤 4 进入安装方式选择界面,单击"立即安装"按钮,如图 10-5 所示。

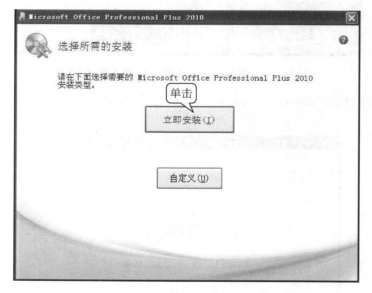

图 10-5 选择"立即安装"方式

> 提醒:Microsoft Office 软件下包含 Word、Excel 和 Frontpage 等多个组件程序,每个组件程序都可单独安装、使用。自定义安装可以根据用户的需要,自主选择 Microsoft Office 2010 的组件,比如只安装 Word 组件。

步骤5 安装程序开始自动安装,如图 10-6 所示。

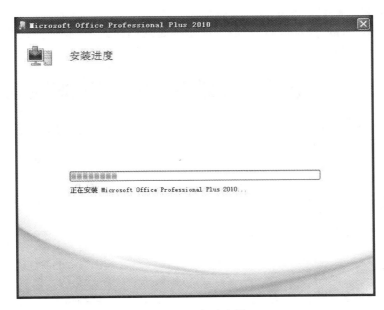

图 10-6 自动安装

步骤6 安装完成后,进入结束界面,单击"关闭"即可完成 Microsoft Office 2010 办公软件的安装,如图 10-7 所示。

图 10-7 结束安装

2. 卸载 Office 软件

要卸载应用软件,就要了解它的卸载方式。

（1）卸载应用软件的方式

卸载应用软件一般有三种方式：

① 操作系统自带的"添加或删除程序"。这种是通用模式，一般很多软件都可以运用它来卸载和删除，但碰到一些"顽固"的软件未必有效，如图 10-8 所示。

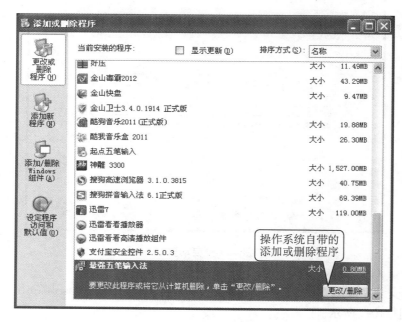

图 10-8　添加或删除程序

② 软件自带的卸载程序。这种方式比较直接方便，是软件生产商提供的，但一般会残留一些软件提供商的信息，如图 10-9 所示。

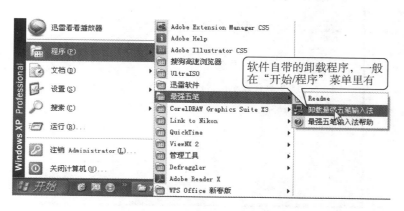

图 10-9　软件自带的卸载程序

③ 使用专业卸载软件来卸载。这种方式十分专业，适用范围广，且卸载得很"干净"，任何"顽固"的软件都一清到底，如：金山卫士，但需要先安装该卸载软件。需要注意的是，由于其强力、彻底的卸载和删除能力，如果误将自己需要的文件给删掉，将会带来一些麻烦，如图 10-10 所示。

图 10-10　金山卫士软件卸载功能

（2）卸载 Microsoft Office 2010

下面介绍使用通用模式（即操作系统自带的添加或删除程序的功能）来卸载 Microsoft Office 2010。

 操作步骤

步骤 1　启动卸载程序。单击"开始"按钮，选择"控制面板"并单击，弹出控制面板界面，然后单击"添加/删除程序"按钮，启动卸载程序，如图 10-11 所示。

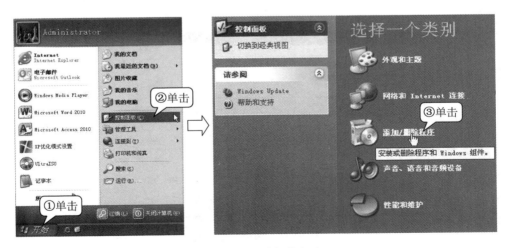

图 10-11　启动卸载程序

步骤 2　系统弹出卸载程序界面，选择 Microsoft Office 2010 并单击"删除"按钮，如图 10-12 所示。

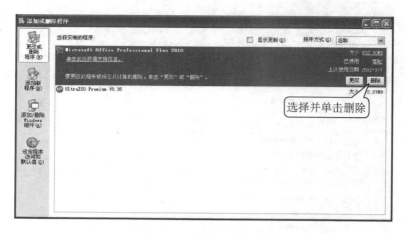

图 10-12 卸载程序界面

步骤 3　程序弹出确认提示对话框，单击"是"即可，如图 10-13 所示。

图 10-13　确认提示对话框

步骤 4　程序自动卸载，如图 10-14 所示。

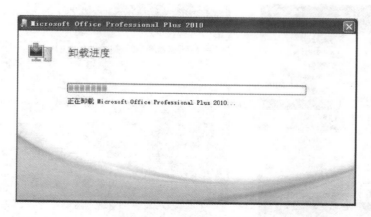

图 10-14　程序自动卸载

步骤 5　程序自动卸载完成，弹出关闭对话框，单击"关闭"即完成卸载，如图 10-15 所示。

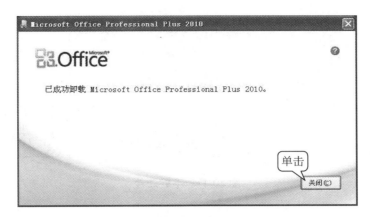

图 10-15　结束卸载

任务二　安装和卸载输入法软件

输入法软件就是平时我们在文档中输入文字所用到的全拼、五笔和智能 ABC 等输入软件。输入法软件在网上有免费下载。下面将向读者介绍如何从网上下载并安装"最强五笔输入法"，以及如何进行卸载。

1. 下载并安装输入法软件

最强五笔输入法软件在网上是免费下载的，其五笔功能相当强大，很合适中国人使用。

操作步骤

步骤 1　搜索"最强五笔输入法"软件。打开自己常用的浏览器，如：IE，在百度上搜索"最强五笔输入法"，如图 10-16 所示。

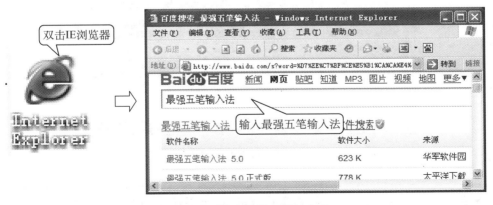

图 10-16　搜索最强五笔输入法

步骤 2　选择一个下载来源，单击下载"最强五笔输入法"，弹出下载提示窗口，如图 10-17 所示。

计算机组装与维修

图 10-17 下载软件

步骤 3　下载完成后，打开"我的电脑"，根据前面输入的下载保存路径，找到软件，然后双击文件压缩包进行解压，如图 10-18 所示。

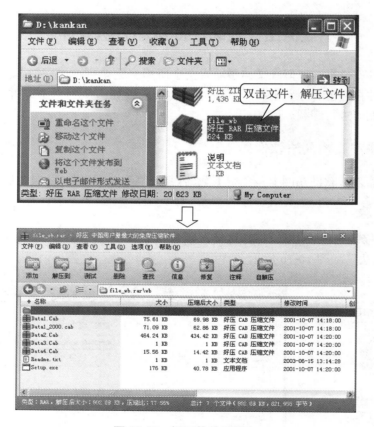

图 10-18 解压软件压缩包

提醒：一般下载的软件压缩包都能自动解压，但最好自己安装一个专业的解压软件，如：好压压缩软件。

步骤 4　双击安装文件"Setup.exe"，启动安装，弹出安装向导界面，如图 10-19 所示。

计算机组装与维修

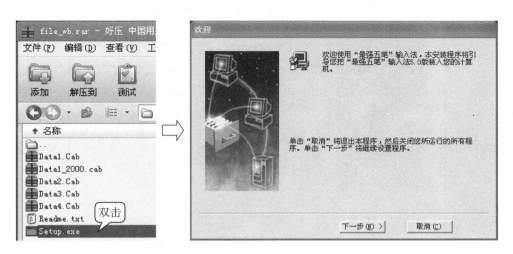

图 10-19　启动安装

提醒：用户可以直接在解压的对话框中，选中"Setup.exe"文件双击即可以安装。

步骤 5　进入"软件许可证协议"界面，单击"接受"按钮，接受许可协议，如图 10-20 所示。

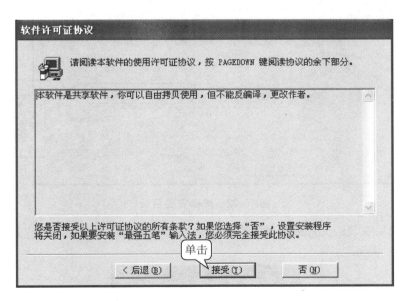

图 10-20　软件许可协议

步骤 6　进入"用户信息"界面，输入姓名、公司和序号（随便输入数字或字母即可），单击"下一步"即可，如图 10-21 所示。

步骤 7　进入"选择安装目录"界面，输入安装路径，单击"下一步"，如图 10-22 所示。

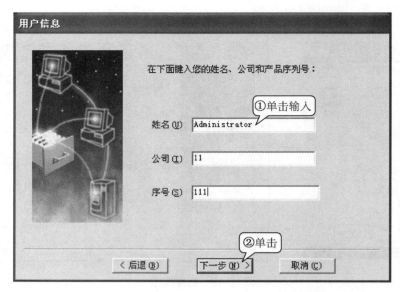

图 10-21 填写用户信息

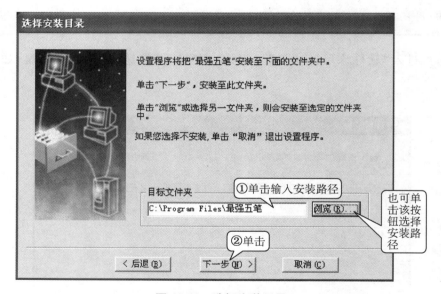

图 10-22 选择安装目录

步骤 8 如果安装的文件夹目录不存在,程序会弹出提示对话框,单击"是"即可创建该目录,如图 10-23 所示。

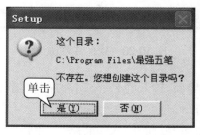

图 10-23 提示对话框

步骤 9 进入"选择程序文件夹"界面,保留默认设置单击"下一步"即可,如图 10-24 所示。

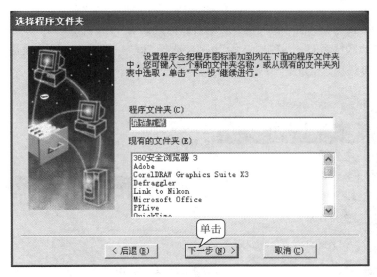

图 10-24 选择程序文件夹界面

步骤 10 程序自动安装,如图 10-25 所示。

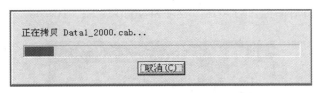

图 10-25 程序自动安装

步骤 11 最后,进入"安装完成"界面,单击"完成"即结束此次安装,如图 10-26 所示。

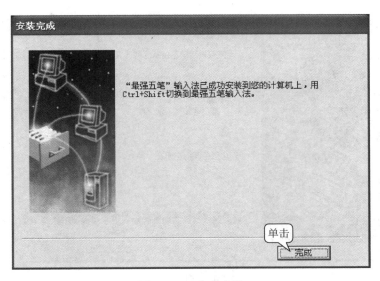

图 10-26 完成安装

2. 卸载输入法软件

下面以"最强五笔输入法"软件为例，介绍如何通过输入法自带的卸载程序来卸载。

步骤 1 启动卸载程序。单击"开始"按钮，选择"程序/最强五笔/卸载最强五笔输入法"程序，启动自动卸载程序，如图 10-27 所示。

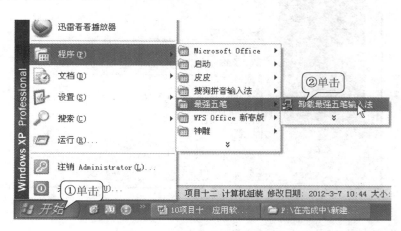

图 10-27 启动自动卸载程序

步骤 2 弹出确认对话框，选择"是"，程序自动卸载，如图 10-28 所示。

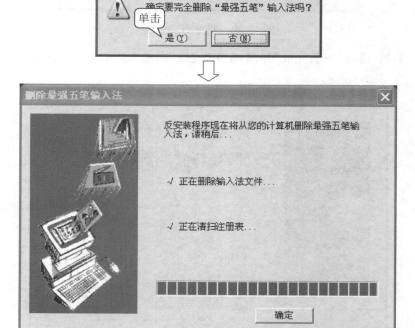

图 10-28 程序自动卸载

步骤 3 最后，弹出重启提示对话框，单击"是"进行重启，完成最后卸载工作，如图 10-29 所示。

图 10-29 重启提示

任务三 安装和卸载聊天软件

网上聊天已经成为当今社会人与人之间交流的一种常见方式，人们可以足不出户就能和世界各地的人交流和认识，从中获取交友的乐趣，而实现这种乐趣的"功臣"就是聊天软件。本任务将介绍聊天软件的安装和卸载。

1. 安装聊天软件

上网聊天，乐趣多多，其中最常用的聊天软件就是 QQ，下面将详细介绍 QQ 软件的安装。

 操作步骤

步骤 1 从网上下载 QQ 软件。在百度搜索"QQ"软件，然后选择一个合适的下载来源将其下载下来，如图 10-30 所示。

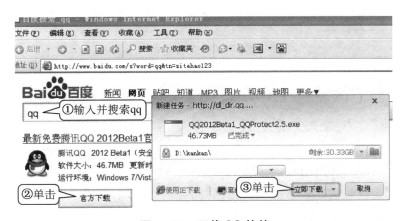

图 10-30 下载 QQ 软件

步骤 2 启动 QQ 软件安装程序。根据下载保存的路径，找到后双击启动安装程序，如图 10-31 所示。

步骤 3 弹出安装向导，选择接受软件许可协议，然后单击"下一步"，如图 10-32 所示。

步骤 4 进入安装选项界面，按照图 10-33 所示操作，然后单击"下一步"。

计算机组装与维修

图 10-31　启动 QQ 软件的安装程序

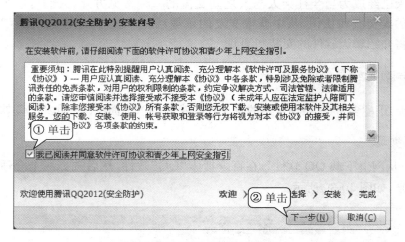

图 10-32　安装向导

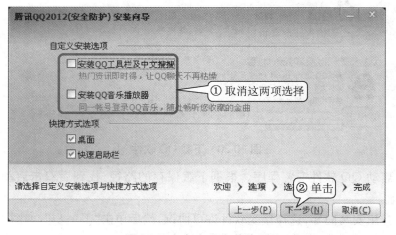

图 10-33　自定义安装选项

步骤 5 进入程序安装目录界面,单击"安装"(如果要修改安装目录,可直接修改路径或单击"浏览"按钮选择路径),如图 10-34 所示。

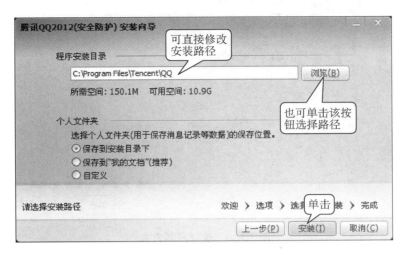

图 10-34 输入安装路径

步骤 6 程序开始进行自动安装,如图 10-35 所示。

图 10-35 自动安装

步骤 7 进入软件更新方式界面,按照默认设置单击"下一步"即可,如图 10-36 所示。

步骤 8 进入安装完成界面。单击"完成"按钮即可完成 QQ 聊天软件的安装,如图 10-37 所示。

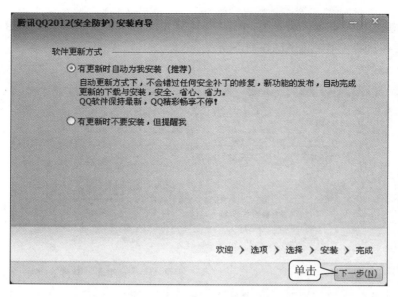

图 10-36　选择更新方式

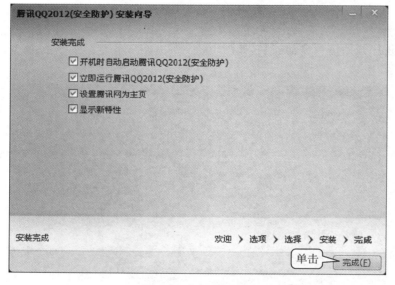

图 10-37　结束安装

2. 卸载聊天软件

　　当需要更新或更换聊天软件时，就需要卸载聊天软件。如果希望卸载后原先的聊天软件一点"痕迹"都不留下，那么就可采用专业的卸载软件来卸载。下面将向读者介绍如何通过金山卫士来卸载 QQ 软件。

操作步骤

　　步骤 1　启动卸载软件。双击"金山卫士"快捷图标，启动软件，选择"软件卸载"功能，如图 10-38 所示。

图 10-38 启动"金山卫士"

> **提醒：**一般杀毒软件都附带强大的安全防护软件，如："金山毒霸"就带有"金山卫士"，而"360 杀毒"就带有"360 卫士"，读者可从网上直接下载，并且现在的杀毒软件很多都免费提供这些功能程序。

步骤 2 选择"腾讯 QQ2012"，单击"卸载"按钮，弹出确认对话框，单击"确定"，如图 10-39所示。

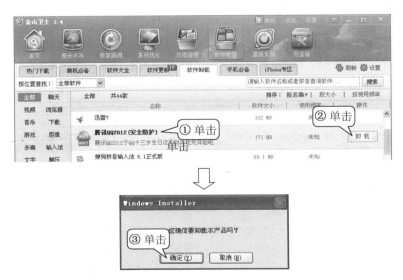

图 10-39 卸载 QQ2012

步骤 3 软件进行自动卸载，大约需要十多秒时间完成，之后弹出提示，单击"确定"，如图 10-40 所示。

计算机组装与维修

图 10-40　软件自动卸载

步骤 4　软件弹出"提示"对话框,单击"强力清扫"选项,弹出对话框,显示残留的文件,勾选残留文件,单击"删除所选项目"按钮,清扫完成后直接单击"退出"即完成了 QQ 软件的最彻底卸载,如图 10-41 所示。

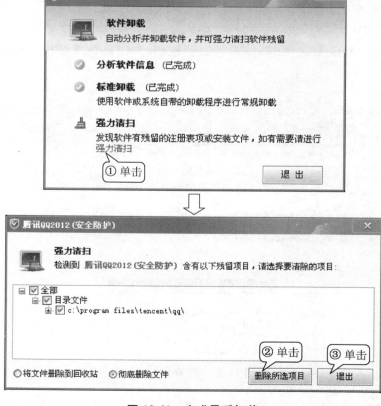

图 10-41　完成最后卸载

任务四　安装和卸载音乐软件

常用的音乐软件有千千静听、QQ 音乐和 Foobar2000 等。本任务将以 Foobar2000 为例介绍音乐软件的安装和卸载。

1. 安装音乐软件

同样，安装软件之前，用户可以从网上下载该软件或者购买光盘进行安装，这里按照网上下载的方式进行介绍。

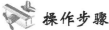 **操作步骤**

步骤 1 从网上下载"Foobar2000"软件，如图 10-42 所示，将文件保存在计算机中。

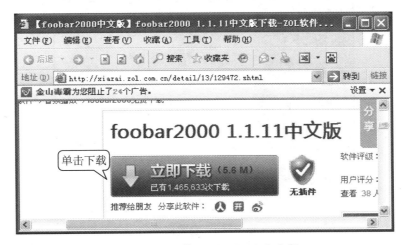

图 10-42　下载 Foobar2000 中文版

步骤 2 解压安装程序。找到下载的"Foobar2000"软件压缩包，双击解压，如图 10-43 所示。

图 10-43　双击软件压缩包

步骤3 启动安装程序。解压后,双击安装程序文件,如图 10-44 所示。

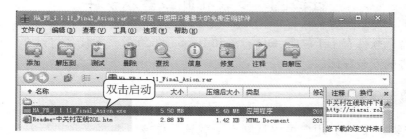

图 10-44 启动安装程序

步骤4 弹出安装向导界面。直接单击"下一步",如图 10-45 所示。

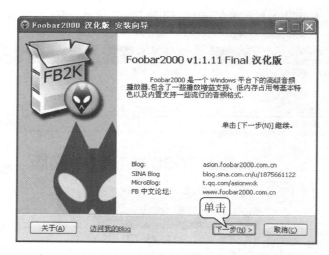

图 10-45 安装向导

步骤5 进入"许可证协议"界面。直接单击"我接受",如图 10-46 所示。

图 10-46 接受许可证协议

计算机组装与维修

步骤6 进入组件选择界面,选择"标准安装",然后单击"下一步",如图 10-47 所示。

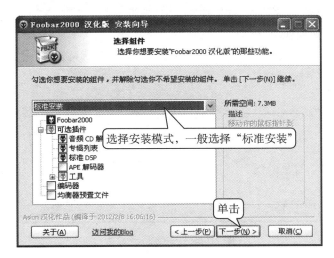

图 10-47 组件选择

提醒:在选择安装组件时,可以自主选择一些自己需要的功能或插件。

步骤7 进入"快捷方式及卸载程序"界面,保留默认设置单击"下一步",如图 10-48 所示。

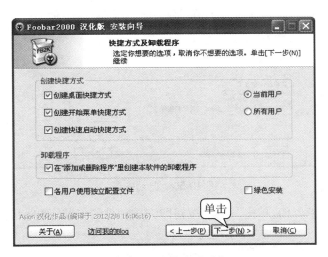

图 10-48 快捷方式选择

提醒:在界面右下角中有一个"绿色安装"选项,这个选项的作用有:简化安装,不添加快捷方式和卸载程序;当软件安装后,即使将软件移动到其他文件夹中,一样可以使用;当要删除软件时,直接把软件及其所在文件夹一起删除即可,不影响系统运作。

步骤8 进入"选择安装位置"界面,可按默认安装路径进行安装,如需修改,可单击文本框输入路径或单击"浏览"按钮选择文件夹路径,最后单击"安装"按钮,如图 10-49 所示。

计算机组装与维修

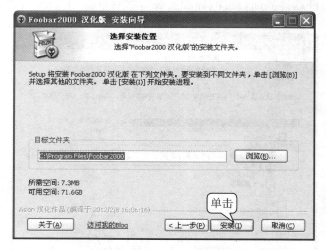

图 10-49　安装路径设置

步骤 9　程序自动安装，当安装完成后，单击"下一步"，如图 10-50 所示。

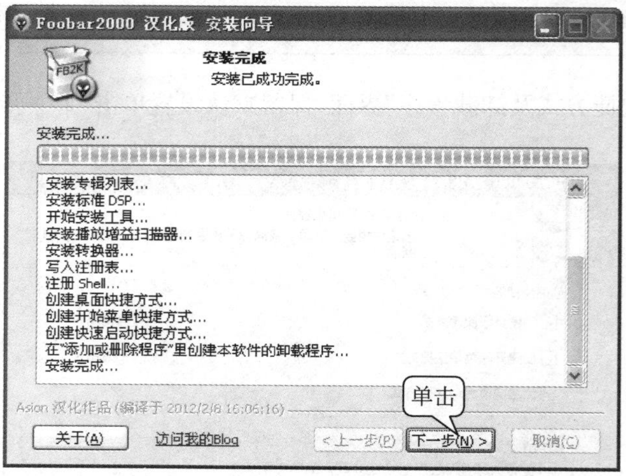

图 10-50　自动安装

步骤 10　进入结束界面，单击"完成"按钮即完成软件的安装，如图 10-51 所示。

☑运行 Foobar2000 汉化版(R)

☑显示"自述文件"(M)

访问FB中文论坛

单击

完成(F)

图 10-51　完成安装

计算机组装与维修

2. 卸载音乐软件

Foobar2000 自带卸载程序,下面将通过它自带的卸载程序来卸载,再一次加深读者对软件卸载的认识。

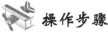 **操作步骤**

步骤 1 启动卸载程序。单击"开始"按钮,选择"程序/Foobar2000/卸载 Foobar2000"程序,启动自动卸载程序,如图 10-52 所示。

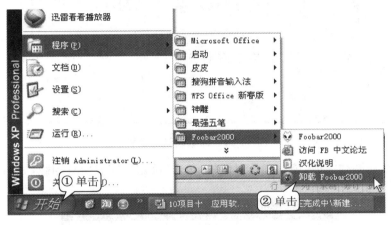

图 10-52 启动自动卸载程序

步骤 2 弹出卸载向导,单击"卸载"按钮,进行卸载,如图 10-53 所示。

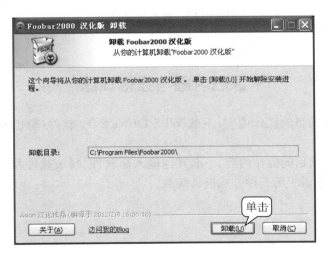

图 10-53 卸载向导

步骤 3 程序自动进行卸载,并弹出确认对话框,单击"是"确认卸载,如图 10-54 所示。

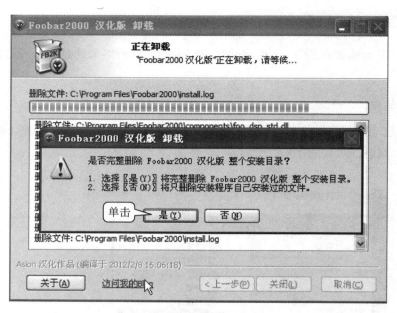

图 10-54 卸载确认对话框

步骤 4　自动卸载完成，弹出确认对话框，单击"确定"，完成所有卸载，如图 10-55 所示。

图 10-55 卸载完成确认

课后巩固与强化训练

任务一：参照本项目的操作内容，下载 WPS Office 2012 软件（金山办公软件）来练习安装和卸载。

任务二：参照本项目的操作内容，下载其他输入法软件、聊天软件和音乐软件等，进行安装和卸载，卸载时，分别使用三种方式进行卸载。

项目十一　日常维护与优化

操作系统是我们与计算机交流的平台,在使用一段时间后,操作系统常常因各种原因,出现运行缓慢、中病毒、系统崩溃、死机等问题,因此,用户必须懂得操作系统的日常维护与优化,才能使计算机正常运转。本项目就是针对系统的维护和优化而设计的。

『本项目主要任务』
　　任务一　杀毒软件的安装与使用
　　任务二　系统的维护与优化
　　任务三　系统的备份与恢复

『本项目学习目标』
　　● 掌握杀毒软件的安装和应用
　　● 掌握系统的维护和优化
　　● 掌握如何备份系统和恢复系统

『本项目相关视频』

视　频	视频文件	Ghost 备份系统. wmv、Ghost 还原系统. wmv

任务一　杀毒软件的安装与使用

当今社会已进入网络信息时代,在网上聊天、游戏、交易、看书和看新闻等已经成为普遍现象。但是,随之而来的网络风险就出现了。操作系统是有漏洞的,黑客们可利用操作系统的漏洞,制造出计算机病毒,通过网络对计算机进行攻击和入侵,使得系统崩溃或私人信息泄漏,从而造成用户损失。为了防止这种情况出现,杀毒软件就应运而生了,如图 11-1 所示。

什么是杀毒软件? 杀毒软件有什么作用呢?

简单地说,杀毒软件就是一种能够保护计算机安全,防止和清除计算机病毒的软件。杀毒软件的作用就是可以对病毒、木马等未知或已知的对计算机有危害的程序代码,进行阻止或清除,从而保护计算机不受侵害,并清除危害。

1. 杀毒软件的安装

杀毒软件的种类很多,其中在国内使用较为广泛的杀毒软件有金山毒霸、江民杀毒、瑞

图 11-1　杀毒软件

星和 360 杀毒等,这些杀毒软件都是从网上免费下载使用的。下面以 360 杀毒软件为例,讲解如何从网上下载并安装杀毒软件。

操作步骤

步骤 1　在网上搜索 360 杀毒软件。打开自己常用的浏览器,如:IE,在百度搜索"360 杀毒软",如图 11-2 所示。

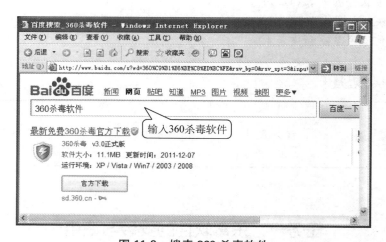

图 11-2　搜索 360 杀毒软件

步骤 2　单击下载 360 杀毒软件安装程序。直接单击"官方下载",弹出下载对话框,选择下载文件的保存路径,最后单击"立即下载"开始下载软件,如图 11-3 所示。

图 11-3　设置文件下载保存路径

步骤 3 开始安装软件。找到下载的 360 杀毒软件安装程序，双击即可安装，如图 11-4 所示。

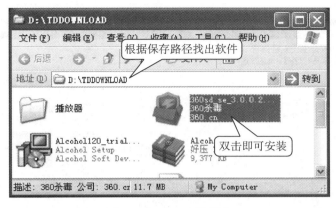

图 11-4　双击安装程序

步骤 4 弹出 360 杀毒软件的安装界面，按默认安装路径或者自定义路径，选择同意软件安装协议，单击"下一步"，软件就开始自动安装，如图 11-5 所示。

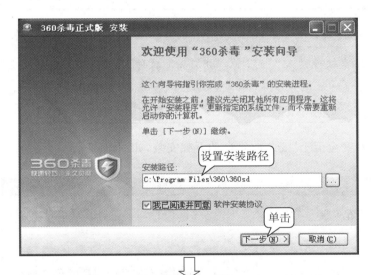

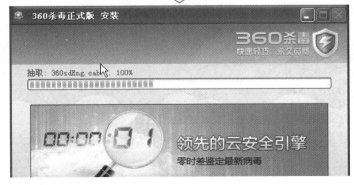

图 11-5　安装 360 杀毒软件

步骤 5 弹出"360 安全卫士安装向导",勾选"安装 360 安全卫士",单击"下一步"继续安装,如图 11-6 所示。

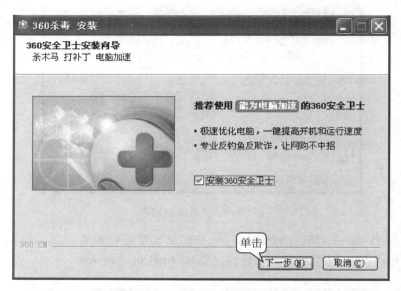

图 11-6　360 安全卫士安装向导

> **提醒:**一般杀毒软件是配套的,如:"360 杀毒软件"附带"360 安全卫士"、"金山毒霸"附带"金山卫士"。"360 安全卫士"具备完备的网络安全功能,如:查杀木马、电脑清理、开机加速、软件管理、系统修复、修复系统漏洞和清理插件等。

步骤 6 "360 安全卫士"安装向导自动下载安装,如图 11-7 所示。

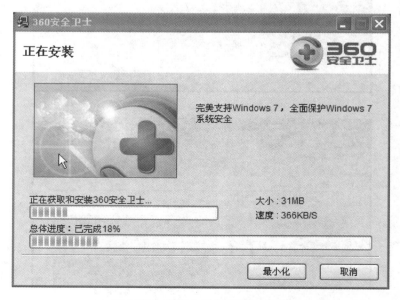

图 11-7　安装向导自动下载安装

步骤7 "360安全卫士"下载安装完成后,单击"完成"即可,如图11-8所示。

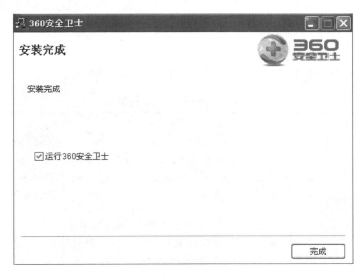

图11-8 下载安装完成

步骤8 完成安装后,"360安全卫士"和"360杀毒软件"会自动弹出,然后用户可以查杀病毒、测试系统状态、清理插件、管理软件等,如图11-9所示。

图11-9 360杀毒软件和360安全卫士

2. 计算机病毒与防护

计算机病毒是当今信息社会的一种特殊"危害",它能攻击任何计算机、网络和信息工具,使它们出现问题,甚至崩溃,造成信息数据的重大损失。那我们应当如何认识和防护病毒呢?下面将详细介绍关于计算机病毒的常识和防护方法。

(1)计算机病毒的定义和趋势

计算机病毒是一种程序、一段可执行代码,它就像生物病毒一样能在计算机间传播,并具有独特的复制能力。它的杀伤力主要针对计算机、网络和信息工具,一旦感染将会造成信息丢失、运作变慢,严重的会完全瘫痪。随着计算机技术的发展、程序语言的更新,计算机病毒已经演化出"智能化"的特点,能判断和关闭杀毒软件,能根据情况自我隐藏,能潜伏一段时间后定时爆发,因此,未来计算机病毒将具有更强的隐蔽性、智能性和时效性,将成为计算机的最大隐患。

（2）计算机病毒的类型

计算机病毒按算法分类,可分为如表 11-1 所示的三种类型。

表 11-1　计算机病毒的类型

序号	名称	定　义	补充
（1）	伴随型病毒	这类病毒不改变文件本身,而是根据算法产生". EXE"文件的伴随体,具有同样的名字和不同的扩展名	如:XCOPY. EXE 文件的伴随型病毒文件是 XCOPY. COM
（2）	"蠕虫"型病毒	蠕虫型病毒是一种常见的计算机病毒,它们利用网络进行自我复制和传播,传播途径是通过电子邮件和网络文件。其特点是不需要将自己附着到宿主程序上,而是通过网络传播自身功能的拷贝或者自身（蠕虫病毒）的某部分到其他计算机	如:"熊猫烧香"、"尼姆亚"和"求职信"等
（3）	寄生型病毒	除了伴随型和"蠕虫"型外,其他病毒均可称为寄生型病毒,它们依附在系统的引导扇区或文件中,通过系统的功能进行传播	如:"AV 终结者"、"冲击波"和"爱虫病毒"等

（3）计算机中毒的征兆和情况

在使用计算机时,若能及时察觉中毒的情况,从而作出必要的查杀,在一定程度上可以降低病毒对计算机的伤害,挽回自己的损失。

计算机中毒时会有哪些症状? 下面将常见的症状情况归纳总结如下:

① 启动速度变慢——操作系统启动很久才能进入,应用软件也是如此。

② 资源损耗很大——硬盘中可用存储空间急速变少,内存损耗不断变化,CPU 使用率急速上升到 85% 以上。CPU 的使用频率和内存情况,可以按"Ctrl＋Alt＋Delete"组合键调用"任务管理器"查看,如图 11-10 所示。

③ 系统性能整体下降——系统运行速度会变慢,经常弹出错误提示,要运行的程序长时间运行不了,有时还会出现死机现象。

④ 文件丢失或被修改——文件莫名被删,文件图标被修改,文件后缀名被更换,文

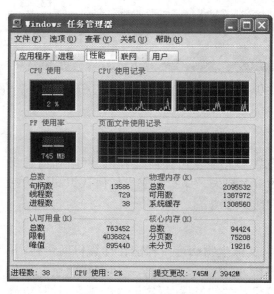

图 11-10　任务管理器

件内容变乱码,文件不能正常打开。

⑤ 其他情况——自动打开 IE 浏览器连接不明网站,自动下载可疑程序或文件,弹出一些莫名的画面,部分文件自动加密和复制,自动播放音乐和声音,严重时甚至会出现计算机蓝展或黑屏。

> **提醒:**上面归纳的是一般病毒都有的情况,不过计算机病毒成千上万,甚至每日更新,而且它们表现的情况都不一样,因此,计算机还是应当定时更新杀毒软件进行查杀。

(4) 对计算机病毒的防护

当你的计算机还未中毒或未出现异常之前,应当如何做才能达到最好的病毒防护呢?下面将一步步地介绍如何进行病毒防护工作。

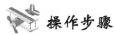 **操作步骤**

> **步骤 1** 先安装杀毒软件,如:前面介绍的"360 杀毒软件"和附带的"360 安全卫士"。

> **步骤 2** 更新杀毒软件。打开杀毒软件,选择"产品升级"功能项,单击"检查更新"按钮,如图 11-11 所示。

图 11-11　更新 360 杀毒软件

> **步骤 3** 更新完成后,单击"确定"结束更新,如图 11-12 所示。

计算机组装与维修

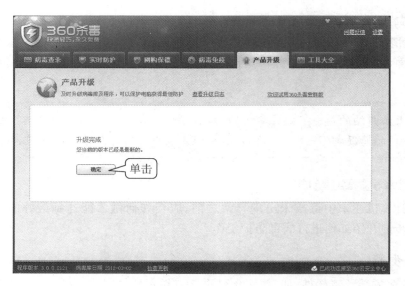

图 11-12　更新完成

步骤 4　进行第一次全面性查杀。单击"病毒查杀"功能项,进入查杀界面,单击"全盘扫描",如图 11-13 所示。

图 11-13　病毒查杀

> 提醒:"快速扫描"是指在短时间内扫描计算机的关键部分,如:注册表、系统文件和内存条等,进行快速查杀病毒。"全盘扫描"顾名思义是整个计算机的全方位扫描查杀。"指定位置扫描"就是指定某一个部分进行查杀,如:C驱动盘或内存条等。

步骤 5　杀毒软件进行全面扫描、查杀病毒中,如图 11-14 所示。

图 11-14　查杀过程

步骤6　杀毒软件全面扫描完成后,如果发现问题,应当根据提示及时处理,如图 11-15 所示。

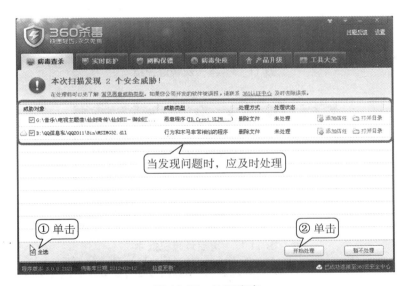

图 11-15　处理病毒

步骤7　当处理完问题后,软件弹出"再进行一次快速扫描"提示对话框,单击"确定"即可以更彻底地清理病毒,如图 11-16 所示。

步骤8　当再一次快速扫描,没发现问题后,软件会根据一些特殊情况,弹出重启计算机对话框,单击"立即重启"即可,如图 11-17 所示。

步骤9　对杀毒软件设置定时杀毒。定时杀毒的目的是让杀毒软件自行定期查杀病毒和预防,省去用户平时手动查杀的麻烦。

计算机组装与维修

图 11-16　再一次快速扫描

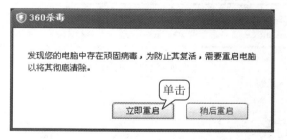

图 11-17　重启计算机提示

① 重启进入计算机后,开启"360 杀毒软件",单击"实时防护"功能项,然后单击"设置",弹出"设置"对话框,如图 11-18 所示。

> **提醒:** 现在的杀毒软件也随着病毒的发展变得更"智能化":当杀毒软件安装到计算机后,它在"实时防护"中会自动开启所有防护设置,如:"入口防御"、"隔离防御"、"系统防御"和"自动升级"等,能进行智能判断,捕捉可疑问题。"入口防御"选项中,有一个"局域防护(ARP)"选项,个人家庭用户一般可不选(可节省系统资源),而局域网里的用户则需要选择。

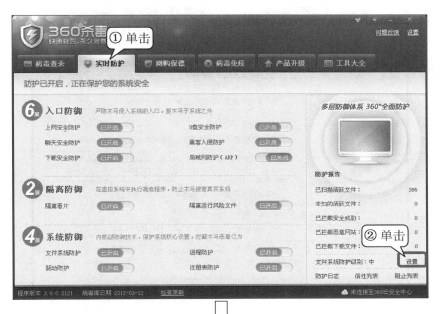

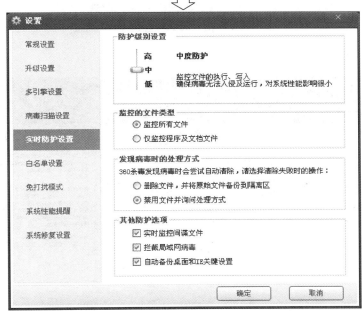

图 11-18 进入实时防护"设置"对话框

② 单击"设置"对话框中的"常规设置"选项，然后修改设置，如图 11-19 所示，最后单击"确定"即完成定时查杀病毒的设置。

步骤 10 对操作系统进行漏洞修补。

① 开启"360 安全卫士"，选择"修复漏洞"功能选项，软件开始自动扫描，如图 11-20 所示。

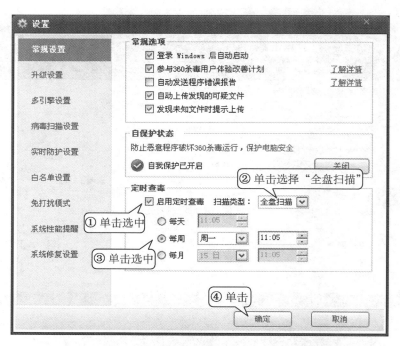

图 11-19　修改常规设置

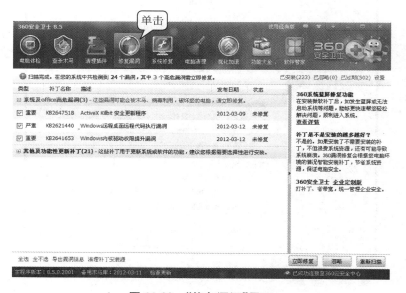

图 11-20　"修复漏洞"界面

> 提醒：操作系统漏洞是指计算机操作系统（如：Windows XP）本身所存在的问题或技术缺陷，操作系统产品提供商通常会定期对已知漏洞发布补丁程序、提供修复服务。其实任何软件都会因一些客观原因，而难免存在一些漏洞。

② 如果发现高危漏洞,单击"立即修复"按钮,下载补丁进行修复,如图 11-21 所示。

图 11-21　修复漏洞

> **提醒:**除了高危漏洞外,还有一些功能漏洞,修复功能漏洞可以提供更多更新的操作功能,不过通常不必修复,因为功能越多,兼容性方面就要考虑得越多。

③ 高危漏洞修复后,重启计算机即可完成漏洞修补。

步骤 11　对计算机进行木马查杀。

① 单击"360 安全卫士"的"查杀木马"选项,如图 11-22 所示。

图 11-22　查杀木马界面

② 单击"全盘扫描",软件自动运行查杀,如图 11-23 所示。

计算机组装与维修

图 11-23　全盘扫描中

③"全盘扫描"后，若没发现问题，单击返回即可。如果发现问题，则按软件提示进行处理，如图 11-24 所示。

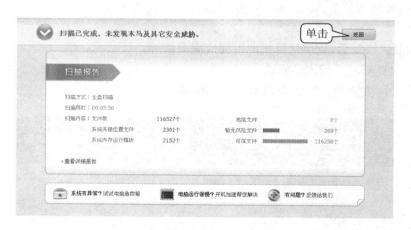

图 11-24　扫描结束

步骤 12　"防火墙"可过滤一切可疑程序，将其隔于"防火墙"外。下面的操作为在 Windows XP 系统中开启"防火墙"功能。

① 单击"开始"按钮，选择"设置/控制面板"，进入"控制面板"界面，然后双击"Windows 防火墙"，如图 11-25 所示。

② 弹出"Windows 防火墙"，单击"启用"，最后单击"确定"，如图 11-26 所示。

步骤 13　设置管理员密码的目的是为了提高系统安全强度。下面的操作步骤是在 Windows XP 系统中设置管理员密码。

图 11-25　进入控制面板

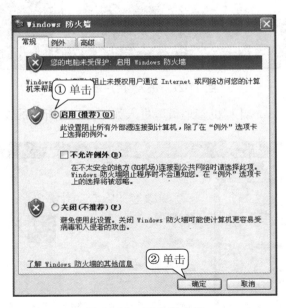

图 11-26　开启防火墙

① 双击"控制面板"的"用户账户"，弹出"用户账户"设置对话框，如图 11-27 所示。

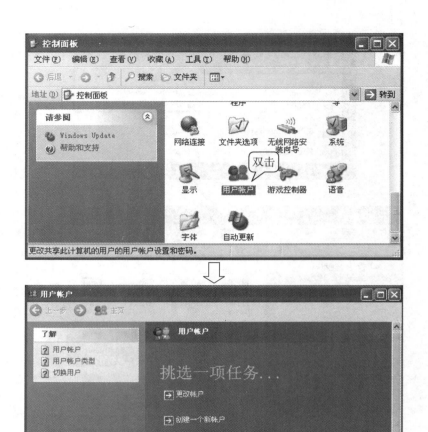

图 11-27   进入"用户账户"

② 单击"Administrator 计算机管理员",进入如图 11-28 所示的设置界面。

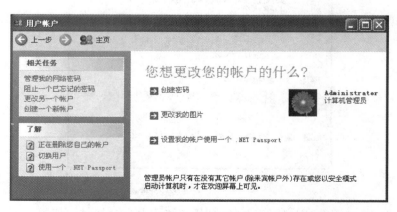

图 11-28   "Administrator 计算机管理员"账户设置界面

计
算
机
组
装
与
维
修

③ 单击"创建密码"，进入"创建密码"对话框，按提示输入密码，单击"创建密码"即完成管理员密码创建，如图 11-29 所示。

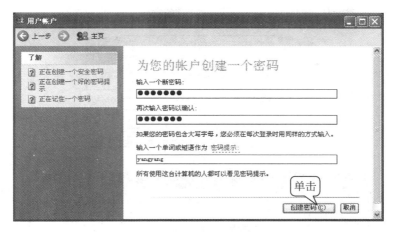

图 11-29 创建用户密码

任务二 系统的维护与优化

要想系统能持续发挥良好的性能，就必然要对系统进行日常维护与优化。系统维护与优化是作为计算机使用者必须懂得的常识。本任务就将会着重为读者讲解一些系统维护与优化的实战技巧。（注：本任务是在 Windows XP 系统中进行的）

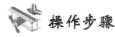 操作步骤

步骤 1 桌面优化处理。新建两个文件夹，分别命名为"常用软件"和"不常用软件"，将常用或不常用的软件快捷方式分别放入两个文件夹中，其他的重要快捷方式可放在桌面上，如：杀毒软件、我的电脑和我的文档等，如图 11-30 所示。

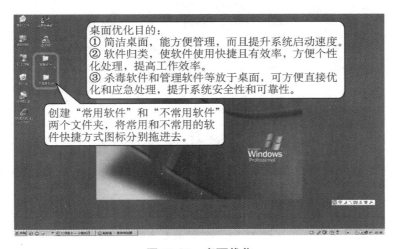

图 11-30 桌面优化

步骤 2 提高系统的启动速度。

① 单击"开始"按钮,选择"运行",输入"msconfig",进入"系统配置实用程序"对话框,如图 11-31 所示。

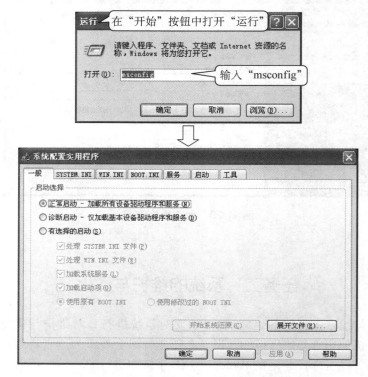

图 11-31 进入"系统配置实用程序"对话框

② 单击"启动"选项卡,进入"启动"界面,修改"启动项目"选项,如图 11-32 所示。

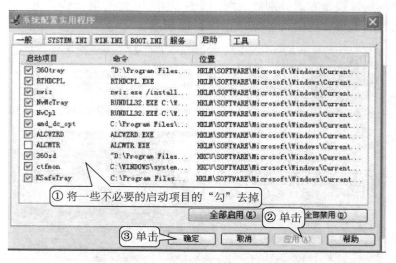

图 11-32 修改"启动项目"

> **提醒：**一般杀毒软件的启动项目不要禁用，如：上图中的 360Tray、360sd 和 KSafetray，前两个与"360 杀毒软件"有关的，后一个与"金山毒霸"有关的，而"ctfmon"是与输入法相关的配置项目，若禁用输入法则计算机将无法使用。

③ 弹出"重启"提示对话框，单击"重新启动"即可完成系统启动优化，如图 11-33 所示。

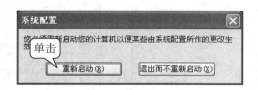

图 11-33　重启提示

步骤 3　禁用系统自带的还原功能。还原功能对于一般用户来说不实用，还会占用大量系统资源。

① 单击"我的电脑"，按鼠标右键，选择"属性"，弹出"系统属性"对话框，如图 11-34 所示。

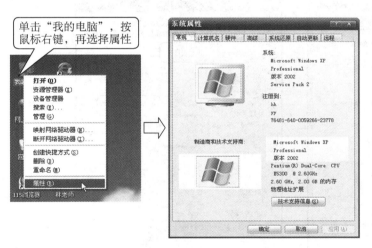

图 11-34　进入"系统属性"对话框

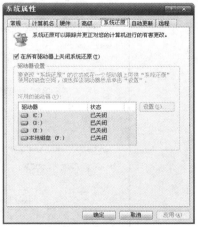

图 11-35　关闭系统还原功能

② 单击"系统还原"选项卡，选择"在所有驱动器上关闭系统还原"选项，如图 11-35 所示。

步骤 4　修改系统的"性能设置"，提高系统的性能。

① 同样在"系统属性"对话框中，单击"高级"选项卡，然后再单击"性能—设置"按钮，如图 11-36 所示。

② 弹出"性能选项"对话框，如图 11-37 所示。

③ 单击"高级"，然后单击虚拟内存的"更改"按钮，修改虚拟内存设置，如图 11-38 所示。

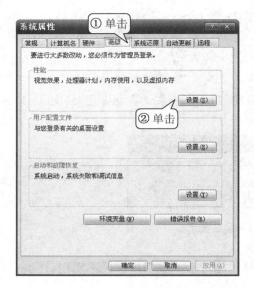
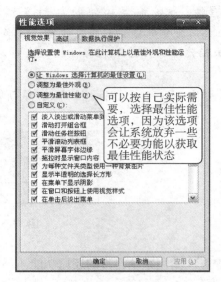

图 11-36　进入"系统属性—高级"对话框　　　　图 11-37　设置"最佳性能"

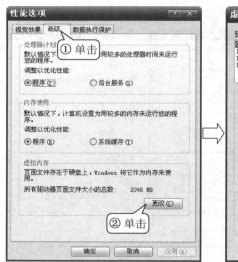
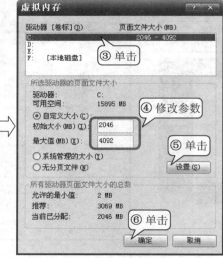

图 11-38　修改系统的虚拟内存

提醒：现在的硬盘都是大容量，虚拟内存一般设置在 1000 MB 以上，相对占用的硬盘容量不会太多。

步骤 5　使用一些系统优化工具软件，对系统进行优化维护，如："360 安全卫士"。

① 打开"360 安全卫士"，单击"清理垃圾"，如图 11-39 所示。

② 单击"开始扫描"，当扫描完毕后，单击"立即清除"按钮，如图 11-40 所示。

图 11-39　开启"360 安全卫士"

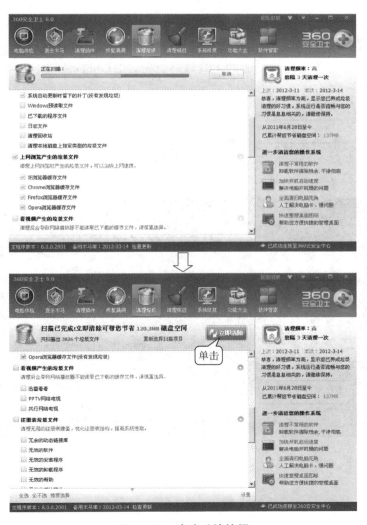

图 11-40　清除系统垃圾

提醒："360 安全卫士"还有很多优化功能,如:清除插件、清理痕迹和功能大全等,用户可以根据需要使用。

任务三　系统的备份与恢复

重装系统是一件费时费力的事情,为了避免这种麻烦,最好对操作系统进行备份。那么,操作系统要在什么情况下备份才是最好的? 那当然是在优化系统性能、做好杀毒防毒和安装驱动程序之后备份最好,这样还原恢复的操作系统才是最实用的。本任务是衔接前两个任务的,前两个任务已经介绍了如何杀毒、维护和优化系统,本任务的重点则是系统备份和还原恢复。

1. 系统备份

微软的 Windows 系统从 XP 开始也自带备份还原的功能,但是该功能太占用系统资源,一般不推荐使用,最好都是使用专业的工具软件备份,如:Ghost 克隆软件,下面将介绍如何使用它来对系统备份。

 操作步骤

步骤 1　启动 Ghost 软件。通过 Ghost 启动光盘启动 Ghost,如图 11-41 所示。

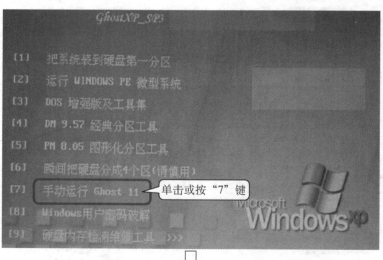

计算机组装与维修

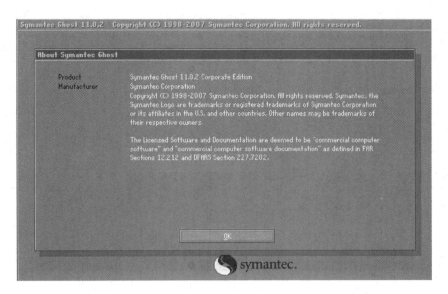

图 11-41 进入 Ghost

步骤 2 单击"OK"按钮进入 Ghost 操作界面,如图 11-42 所示。

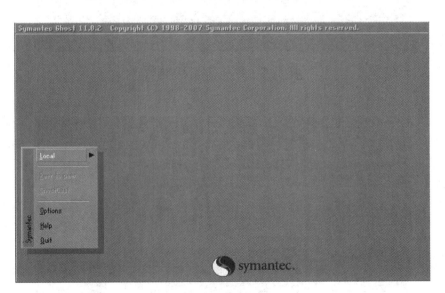

图 11-42 进入 Ghost 界面

步骤 3 选择"local/Partition/To Image",进入驱动盘选择对话框,如图 11-43 所示。

步骤 4 单击"OK",进入分区选择对话框,如图 11-44 所示。

> **提醒:** 一般情况下,第"1"个选项为 C 区,即操作系统所在的盘符 C 盘如图 11-44 所示。不过,用户最好根据系统所在的分区容量情况来选择分区备份。

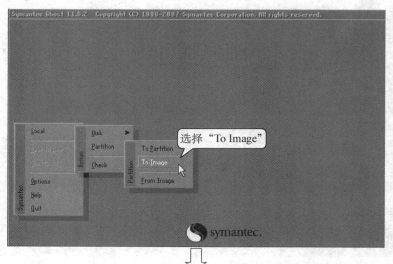

选择"To Image"

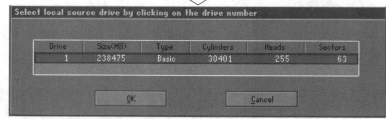

图 11-43　驱动盘选择对话框

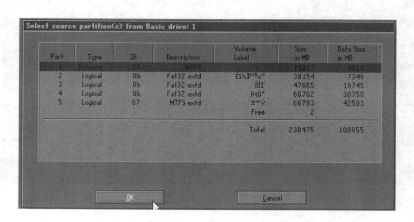

图 11-44　分区选择对话框

步骤5　选择第 1 个选项,单击"OK",弹出备份文件的保存路径选择对话框,设置保存路径,如图 11-45 所示。

步骤6　弹出对话框,要求选择备份文件的压缩模式,选择"High(高级)",如图 11-46 所示。

计算机组装与维修

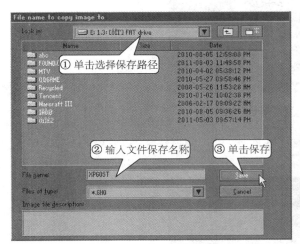

图 11-45　选择备份文件的保存路径　　　　　图 11-46　选择备份文件的压缩模式

步骤 7　弹出确认对话框，单击"Yes"，进行备份，如图 11-47 所示。

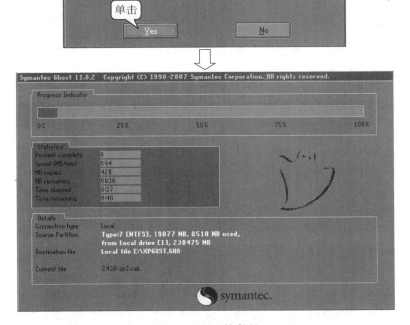

图 11-47　开始备份

步骤 8　备份完成后，弹出完成确认对话框，单击"Continue（继续）"按钮，结束备份，如图 11-48 所示。

图 11-48 完成备份

步骤9 按组合键"Ctrl＋Alt＋Delete"重启或选择"Quit"命令退出软件,如图 11-49 所示。

图 11-49 退出软件

2. 恢复系统

通过 Ghost 克隆软件对系统备份之后,一旦系统崩溃,就可以再次使用 Ghost 克隆软件对系统进行还原恢复。

 操作步骤

步骤1 同样通过 Ghost 的启动光盘,进入 Ghost 界面,然后选择"local/Partition/From Image"命令,如图 11-50 所示。

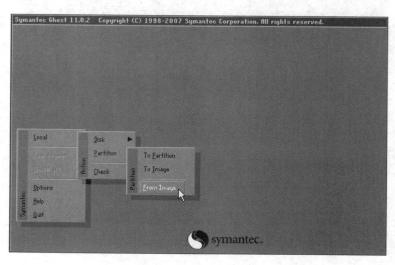

图 11-50 进入 Ghost

步骤2 弹出路径选择对话框,选择备份文件所在的路径并选中备份文件,如图 11-51 所示。

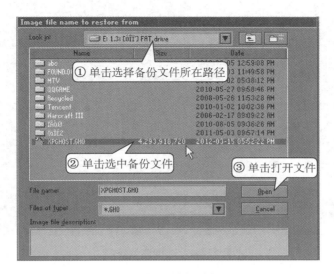

图 11-51　选择路径

步骤 3　弹出对话框,选择镜像文件来源的分区,即备份文件的分区选择,此处默认为 C 盘,直接单击"OK"按钮,如图 11-52 所示。

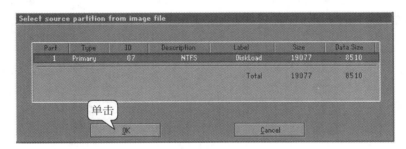

图 11-52　选择备份文件的分区

步骤 4　弹出驱动盘选择对话框,使用默认选项,单击"OK"按钮,如图 11-53 所示。

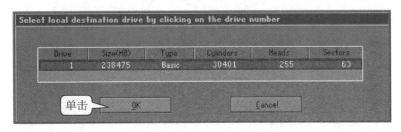

图 11-53　选择驱动盘

步骤 5　弹出对话框,选择还原文件的路径,即选择将系统还原到哪一个分区中,如图 11-54 所示。

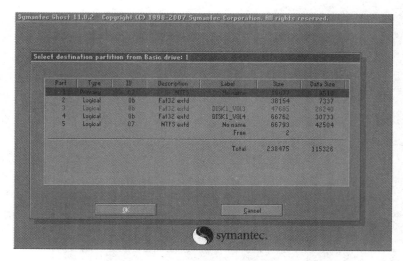

图 11-54　选择还原路径

提醒：一般情况下，还原系统时都选择第"1"个选项，即"Primary"选项，它表示的是第一分区也是主分区，通常操作系统都是安装在主分区处。

步骤6　弹出还原确认对话框，单击"Yes"按钮，软件开始从镜像文件（即备份文件）还原系统到 C 盘，如图 11-55 所示。

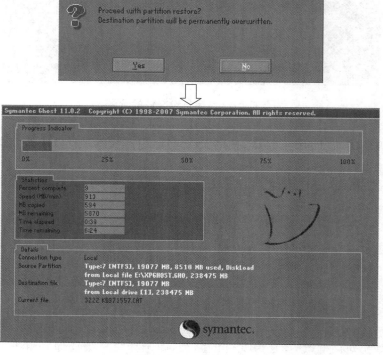

图 11-55　开始还原

计算机组装与维修

步骤 7 还原结束，软件弹出提示对话框，单击"Reset Computer"按钮，重启计算机，即完成系统还原，如图 11-56 所示。

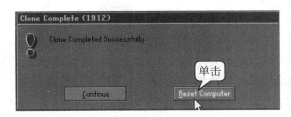

图 11-56　重启计算机

课后巩固与强化训练

任务一：按照项目所展示的步骤对系统进行优化和维护。

任务二：参照系统备份和还原的步骤，运用 Ghost 软件对操作系统进行备份和还原。

计算机组装与维修

项目十二　常见故障处理与分析

计算机在使用过程中,会经常发生很多故障,例如,系统不能正常运行、死机、蓝屏、软件不运行和硬件停止工作等,当遇到这些问题时,我们应当如何处理和分析呢? 本项目将以最常见的故障问题作例,为读者讲述故障的处理和分析。

『本项目主要任务』

任务一　开机无显示故障的检测与维修
任务二　主机鸣叫故障的检测与维修
任务三　启动提示出错故障的检测与维修
任务四　蓝屏故障的检测与维修
任务五　经常死机故障的检测与维修

『本项目学习目标』

● 能够处理开机无显示故障
● 能够处理主机鸣叫故障
● 能够处理计算机启动提示出错故障
● 能够处理计算机蓝屏故障
● 能够处理计算机经常死机故障
● 能够设置与取消计算机开机密码

『本项目相关视频』

视　频	视频文件	黑屏故障处理实战. wmv、蓝屏故障处理实战. wmv

任务一　开机无显示故障的检测与维修

本任务将通过实例为读者讲解开机无显示故障的解决办法。

案例 1　使用七彩虹主板已经 2 年,开机时主板不启动,无显示,有内存报警声(长叫,嘀嘀——)。

● 故障分析:内存报警是较为常见的故障,主要是内存接触不良引起的。常见的导致内存接触不良的原因有:

① 使用次品的内存或 PCB 板太薄,当内存插入内存插槽时,留有一定的缝隙。

② 内存的金手指工艺差或没有好好保护内存金手指,导致时间一长,金手指表面产生氧化层而且逐渐增厚,致使内存接触不良。

③ 内存插槽质量低劣,簧片与内存的金手指接触不稳。

本机使用 2 年时间,在 2 年内没出现这种情况,估计是②的原因——金手指出现氧化。

◎ 处理办法:拔掉主机的电源线,打开机箱拆出内存条,用橡皮仔细地把内存条的金手指擦干净,再重新装回去,为了防止继续氧化可用热熔胶把内存插槽两边的缝隙填平。最后插上电源开机,报警声没有了,主板正常启动,问题解决。

案例 2 新买回来的华硕显卡,当插上七彩虹主板时,开机无显示,主板不启动,有显卡报警声(一长两短的鸣叫,嘀——,嘀嘀)。

● 故障分析:一般是显卡松动或显卡损坏导致的。

① 在插入显卡时,没有插好,造成显卡有一定的松动,从而产生故障。

② 显卡本身有问题,这种情况一般在品牌产品中很少遇到。

③ 显卡在运输过程中发生碰撞,从而损坏产生问题。

显卡是新买的,前面 3 种情况都有可能,就要逐一排除。

◎ 处理办法:打开机箱,把显卡再重新插好,但故障依然存在;那么再拆出显卡,仔细检查 AGP 插槽内是否有小异物,若有,则会导致显卡不能插接到位,发现没有异物,再重新插上还在报警;至此,可以判断是显卡的芯片坏了,回销售商处更换或修理显卡,更换后正常开机,故障排除。

> **提醒:**还有一种情况是开机后听到"嘀"的一声自检通过,显示器正常但就是没有图像,把该显卡插在其他主板上,显示正常,那就是显卡与主板不兼容,应该更换显卡。

案例 3 使用 3 年以上的一台老式机,主板是昂达 848PN,开机主板不启动,无显示,无报警声。

老式机的问题会很多,要仔细、耐心地分析故障原因,还要熟悉数字电路和模拟电路,会使用万用表以及会使用 DEBUG 卡检查故障,常见的故障原因主要有以下几种。

(1) CPU 方面的问题

一些计算机玩家为提高老式机的性能,对 CPU 进行超频或更换性能更高的 CPU,最后产生了很多问题。

● 故障分析 1:CPU 没有电供应。

◎ 处理办法 1:使用万用表测试 CPU 周围的三个(或一个)场效应管及三个(或一个)整流二极管,检查 CPU 是否损坏,若发现有问题,应即刻更换或到专业维修商处维修。

● 故障分析 2:CPU 风扇不转。

◎ 处理办法 2:可考虑先用无水酒精清除灰尘异物,再通电测试 CPU 风扇能否转动,如果不转动,更换 CPU 风扇即可。

● 故障分析 3：CPU 插座有缺针或松动，这类故障表现为不定期死机。

◎ 处理办法 3：需要打开 CPU 插座表面的上盖，仔细用眼睛观察是否有变形的插针，只要小心拨正针脚，再重新对正插入 CPU 插座即可。

● 故障分析 4：CPU 的频率在 CMOS 中设置不对。

◎ 处理办法 4：清除 CMOS 设置即可解决。清除 CMOS 的跳线一般在主板的 CMOS 电池附近，跳线的默认插位一般为 1、2 短接，只要将其改跳为 2、3 短接，过几秒钟即可清除 CMOS 设置；若找不到跳线，还有另一种方法就是将 CMOS 电池取下，断电几秒后再将电池安装上去即可还原 CMOS 默认设置。

（2）主板的 AGP 插槽、PCI 扩展槽或扩展卡有问题

同样，玩家若对老式机进行升级换代，在拆装时不注意就会对硬件造成损伤。

● 故障分析 1：由于蛮力拆装 AGP 或 PCI 显卡，使得 AGP 插槽开裂或 PCI 扩展槽开裂，导致主板没有响应，从而造成开机无显示的情况出现。

◎ 处理办法 1：找专业维修商或厂家，更换 AGP 插槽，如果是单个 PCI 扩展槽开裂而显卡没问题，则将显卡插到另一个 PCI 扩展槽（通常主板有多个 PCI 扩展槽）即可。

● 故障分析 2：显卡插坏或过载运行发热烧坏，导致主板没有响应，从而造成开机无显示的情况出现。

◎ 处理办法 2：找专业维修商或厂家，维修显卡或更换即可。

（3）主板 BIOS 被破坏

主板的 BIOS 中储存着重要的硬件数据，同时 BIOS 也是主板中比较脆弱的部分，极易受到破坏，一旦受损就会导致系统无法运行。

● 故障分析：一般是因为主板 BIOS 被 CIH 病毒破坏造成。

◎ 处理办法：如果有软驱，可以自己做一张自动更新 BIOS 的软盘，重新刷新 BIOS，但如果没有软驱或软驱根本就不工作，那么建议找服务商，通过写码器重新写入 BIOS 或更换 BIOS 的芯片。

（4）内存条问题

内存条常会出现问题，导致主板无法识别内存、内存损坏或者内存不匹配等情况，因此内存条常出现需要更换的情况。

● 故障分析 1：某些老式主板比较挑剔内存条，一旦主板无法识别内存条，主板就无法启动，甚至某些主板还没有故障提示（鸣叫）。另外，如果同时插上不同品牌、类型的内存条，有时也会导致此类故障。

◎ 处理办法 1：更换内存条，直至主板能识别为止。

● 故障分析 2：当经常更换内存条时，会出现内存插槽断针，有时因为用力过猛或安装方

法不当,会造成插槽内的簧片变形断裂,以致该插槽报废。

◎处理办法2:仔细观察以确认内存插槽是否损坏,如果是只能将主板返厂修理或交给专业维修商处理。

> **提醒:**还有一种情况就是将内存条插反或过载运行,造成插槽或内存条烧坏,这时候就要更换内存条后作测试,以确认是内存条还是插槽被烧坏了。

(5) CMOS 使用的电池电量耗尽或有问题

一些老式机由于使用了很多年后,CMOS 电池电量耗尽需要更换。

● 故障分析1:CMOS 电池长期使用后没电,造成主板无法正常运作和自检波。

◎处理办法1:更换一颗新的 CMOS 电池。CMOS 电池的位置,一般在主板的扩展槽附近,外形为圆形。

● 故障分析2:CMOS 电池更换后不合适,同样会造成主板不启动现象。

◎处理办法2:启动电源开关时,硬盘和电源的指示灯亮,CPU 的风扇在转,但是主机不启动。当把电池取下并更换后,就能够正常启动。

(6) 主板上的电容损坏

老式机使用年限长,加上工作环境的问题,电容一般都会有问题。

● 故障分析:由于使用时间长,加上工作环境的恶劣等问题,造成电容老化、冒泡或炸裂,这时电容的容量减小或失容,从而失去滤波功能、稳定电压和电流的能力,从而导致主板无法启动。

◎处理办法:检查主板上的电容是否老化、冒泡或炸裂。当电容因电压过高或长时间受高温熏烤,会冒烟、冒泡或淌液。那么最好更换主板或请专业修理商修理。

案例4 华硕 P3B－F 主板可对 CPU 温度进行监视,将一根 2Pin 的温度监控线,插于 CPU 插槽旁的 JTP 针脚上。后来在一次玩游戏过程中,机器突然蓝屏,重启后,显示器直接无显示。

● 故障分析:接在主板上的温控线脱落后掉在主板上,导致主板自动进入保护状态、拒绝加电。由于现在 CPU 发热量非常大,所以许多主板都提供了严格的温度监控和保护装置。一般 CPU 温度过高,或主板上的温度监控系统出现故障,主板就会自动进入保护状态,拒绝加电启动或报警提示。

◎处理办法:重新连接温度监控线,再开机即可。

> **提醒:**在上述众多案例中,当发现显示器无显示,主板无法正常启动或报警时,用户可先注意是不是主板的温度监控装置不正常运行造成的。

任务二　主板鸣叫故障的检测与维修

主板因不同品牌采用的芯片组不同,从而造成它的种类很多,同样主板鸣叫的声音也有很多种,各自表达的意思也不同,那么应如何区分和处理呢? 本任务将全面地向读者介绍。

1. 采用 Award BIOS 芯片的主板

采用 Award BIOS 芯片的主板鸣叫情况,如表 12-1 所示,读者可以根据表里的含义自己慢慢实践。

表 12-1　Award BIOS 芯片的主板鸣叫含义

1 短(嘀)	系统正常启动时的声音
2 短(嘀嘀)	常规错误,请进入 CMOS Setup,重新设置不正确的选项
1 长 1 短(嘀——嘀)	RAM 或主板出错,换一条内存试试,若还是不行,只好更换主板
1 长 2 短(嘀——嘀嘀)	显示器或显卡错误
1 长 3 短(嘀——嘀嘀嘀)	键盘控制器错误,请检查键盘与主板连接部分
1 长 9 短(嘀——嘀嘀……)	主板 Flash RAM 或 EPROM 错误,BIOS 损坏,换块 Flash RAM 试试
不断长响(嘀——)	内存条未插紧或损坏,重插内存条,若还是不行,只有更换一条内存
不停地响(嘀—嘀—嘀—)	电源、显示器或显卡没连接好,检查一下所有的插头
重复短响(嘀,嘀,嘀)	电源有问题
无声音无显示	电源有问题

案例 1　悍马 HA01－GT 主板(采用 Award BIOS 芯片),主板能启动,但显示器无显示,有主板鸣叫声(嘀——嘀嘀嘀,一长三短)。

● 故障分析:从上面表 12-1 可以得知一长三短地鸣叫是键盘控制器错误。

◎ 处理办法:更换好的键盘试一下,如果问题解决,这说明是键盘坏了;但是如果问题仍然存在,就是键盘与主板连接部分有问题即插座有问题,要到主板修理商处修理。

案例 2　新买回来的技嘉 GA－3PXSL－RH 主板(采用 Award BIOS 芯片),装上后,可以启动,但显示器无显示,有鸣叫声(不停地响,嘀—嘀—嘀—)。

● 故障分析:新买回来的主板,刚装上就出现问题,那么可以根据表 12-1 可以查出,不停地鸣叫是电源、显示器或显卡没连接好。

◎ 处理办法:检查了电源、显示器和显卡的连接,发现电源没插好,发生供电不足,当插好后,问题解决。

2. 采用 AMI BIOS 芯片的主板

采用 AMI BIOS 芯片的主板鸣叫情况,如表 12-2 所示。

表 12-2　AMI BIOS 芯片的主板鸣叫含义

1 短(嘀)	内存刷新失败,更换内存条
2 短(嘀嘀)	内存 ECC 校验错误。在 CMOS Setup 中将内存关于 ECC 校验的选项设为"Disabled"就可以解决问题,不过最根本的解决办法还是更换内存条
3 短(嘀嘀嘀)	系统基本内存(第 1 个 64 kB)检查失败,换内存条即可
4 短(嘀嘀嘀嘀)	系统时钟出错,修改系统时钟
5 短(嘀嘀嘀嘀嘀)	中央处理器(CPU)错误,检查 CPU 是否插好或接触不良
6 短(嘀嘀嘀嘀嘀嘀)	键盘控制器错误,查看键盘是否上电
7 短(嘀嘀嘀嘀嘀嘀嘀)	系统实模式错误,不能切换到保护模式。检查内存条、主板各种 PCI 插件、硬盘线是否松动、接触不良
8 短(嘀嘀嘀嘀嘀嘀嘀嘀)	显示内存错误。显示内存有问题,更换内存条试试
9 短(嘀嘀嘀嘀嘀嘀嘀嘀嘀)	ROM BIOS 校验错误。可能由于病毒或 BIOS 刷新失败造成
1 长 3 短(嘀——嘀嘀嘀)	内存错误。内存条损坏,更换即可
1 长 8 短(嘀——嘀嘀……)	显示测试错误。显示器数据线没插好或显卡没插牢

案例 3　在一次使用计算机玩极品飞车游戏时,突然断电,再次开启计算机后,发觉主板(该板是华硕主板)启动了,接着叫了"嘀嘀嘀嘀嘀"五下,但不见显示器有显示。

● 故障原因:华硕主板多数是采用 AMI BIOS 芯片作为它的 BIOS,因此,查实 AMI BIOS 五下短叫的含义是表示 CPU 出问题。

◎ 处理办法:采用替换法确认 CPU 的问题,使用同一型号的 CPU 替换插上后,计算机又正常运转,因此需要购买一个同型号的 CPU,进行更换。

案例 4　家用的一台电脑,正常使用 3 年后,突然一天启动电脑后,叫了 9 下短声后,屏幕显示以下信息"BIOS ROM checksum error",无法进入系统。

● 故障原因:很明显是 BIOS 检验时发生错误。查询表 12-2 可知 9 短是 AMI BIOS 的警报,表示是 ROM BIOS 检验错误。

◎ 处理办法:BIOS 有问题,综合实践经验可知,在断定重刷 BIOS 才能解决问题之前,需要先排除一个可能性问题——就是 CMOS 电池无电,造成 BIOS 检验时失败,于是更换了 CMOS 电池,重启计算机后,BIOS 检测正常通过,问题解决。

3. 采用 Phoenix BIOS 芯片的主板

采用 Phoenix BIOS 芯片的主板鸣叫情况,如表 12-3 所示。

表 12-3 Phoenix BIOS 主板鸣叫含义

1 短（嘀）	系统启动正常时的声音
1 短 1 短 2 短（嘀，嘀，嘀嘀）	主板错误，需要检测主板，查找问题
1 短 1 短 4 短（嘀，嘀，嘀嘀嘀嘀）	ROM BIOS 校验错误
1 短 2 短 2 短（嘀，嘀嘀，嘀嘀）	DMA 初始化失败
1 短 3 短 1 短（嘀，嘀嘀嘀，嘀）	RAM 刷新错误
1 短 3 短 3 短（嘀，嘀嘀嘀，嘀嘀嘀）	基本内存错误
1 短 4 短 2 短（嘀，嘀嘀嘀嘀，嘀嘀）	基本内存校验错误
1 短 4 短 4 短（嘀，嘀嘀嘀嘀，嘀嘀嘀嘀）	EISA NMI 口错误
3 短 1 短 1 短（嘀嘀嘀，嘀，嘀）	从 DMA 寄存器错误
3 短 1 短 3 短（嘀嘀嘀，嘀，嘀嘀嘀）	主中断处理寄存器错误
3 短 2 短 4 短（嘀嘀嘀，嘀嘀，嘀嘀嘀嘀）	键盘控制器错误
3 短 4 短 2 短（嘀嘀嘀，嘀嘀嘀嘀，嘀嘀）	显示错误
4 短 2 短 2 短（嘀嘀嘀嘀，嘀嘀，嘀嘀）	关机错误
4 短 2 短 4 短（嘀嘀嘀嘀，嘀嘀，嘀嘀嘀嘀）	保护模式中断错误
4 短 3 短 3 短（嘀嘀嘀嘀，嘀嘀嘀，嘀嘀嘀）	时钟 2 错误
4 短 4 短 1 短（嘀嘀嘀嘀，嘀嘀嘀嘀，嘀）	串行口错误
4 短 4 短 3 短（嘀嘀嘀嘀，嘀嘀嘀嘀，嘀嘀嘀）	数字协处理器错误
1 短 1 短 1 短（嘀，嘀，嘀）	系统加电初始化失败
1 短 1 短 3 短（嘀，嘀，嘀嘀嘀）	CMOS 错误或电池失效
1 短 2 短 1 短（嘀，嘀嘀，嘀）	系统时钟错误
1 短 2 短 3 短（嘀，嘀嘀，嘀嘀嘀）	DMA 页寄存器错误
1 短 4 短 1 短（嘀，嘀嘀嘀嘀，嘀）	基本内存地址线错误
2 短 1 短 1 短（嘀嘀，嘀，嘀）	前 64K 基本内存错误
3 短 1 短 4 短（嘀嘀嘀，嘀，嘀嘀嘀嘀）	从中断处理寄存器错误
3 短 3 短 4 短（嘀嘀嘀，嘀嘀嘀，嘀嘀嘀嘀）	屏幕存储器测试失败
3 短 4 短 3 短（嘀嘀嘀，嘀嘀嘀嘀，嘀嘀嘀）	时钟错误
4 短 3 短 1 短（嘀嘀嘀嘀，嘀嘀嘀，嘀）	内存错误
4 短 3 短 4 短（嘀嘀嘀嘀，嘀嘀嘀，嘀嘀嘀嘀）	时钟错误
4 短 4 短 2 短（嘀嘀嘀嘀，嘀嘀嘀嘀，嘀嘀）	并行口错误

4. 采用兼容 BIOS 芯片的主板

采用兼容 BIOS 芯片的主板鸣叫情况，如表 12-4 所示。

表 12-4　兼容 BIOS 芯片的主板鸣叫含义

1 短（嘀）	系统正常启动时的声音
2 短（嘀嘀）	系统加电自检（POST）失败，请在 CMOS Setup 中重新设置一次
1 长（嘀——）	电源错误，如果无显示，则为显卡错误
1 长 1 短（嘀——嘀）	主板错误，请检查主板
1 长 2 短（嘀——嘀嘀）	显卡错误，请检查显卡
1 短 1 短 1 短（嘀，嘀，嘀）	电源错误，请检查电源或电源接线
3 长 1 短（嘀—嘀—嘀—，嘀）	键盘错误，请检查键盘或键盘接口

任务三　启动提示出错故障的检测与维修

计算机在自检时，若发现问题会自动报出错误信息，我们应当根据这些信息处理计算机故障。本任务将向读者介绍如何根据这些信息来解决故障。

案例　开机，屏幕显示"Disk boot failure, insert system disk and press Enter"，如图 12-1 所示。

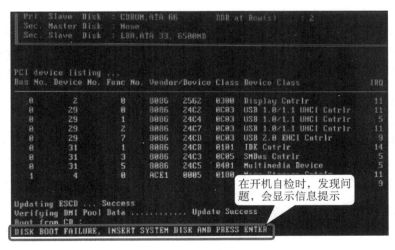

图 12-1　开机显示故障信息提示

● 信息解析：硬盘启动失败，插入系统盘，然后按回车键。

◎ 处理办法：启动计算机时按下 Del 键进入 CMOS，检查第一启动顺序是否为硬盘启动，如果已经设置硬盘为第一启动了，检查硬盘数据线是否有松动，若数据线没有问题，则表明所安装的系统已崩溃或硬盘受损，需要重新安装操作系统或使用工具修复硬盘。

除案例中所示的出错提示外,其他常见的出错提示如下:

(1) CMOS battery failed

● 信息解析:CMOS 电池失效。

◎ 处理办法:一般出现这种情况说明主板 CMOS 供电的电池已经快没电了,需要及时更换主板电池。

(2) CMOS check sum error-Defaults loaded

● 信息解析:CMOS 执行全部检查时发现错误,要载入系统预设值。

◎ 处理办法:出现这种情况,原因可能有两种:一是主板 CMOS 供电电池没电,二可能是 CMOS 供电电路有问题。第一种情况换主板电池即可,后一种情况如无专业维修技术,只有将主板送去专业修理店修理了。

(3) Floppy Disk(s) fail

● 信息解析:无法驱动软盘驱动器。

◎ 处理办法:系统提示找不到软驱,检查软驱的电源线和数据线是否接好,可采用替换法检查。如今大多数用户都已经放弃软驱,出现以上提示,多是因为用户根本没有软驱,但 BIOS 中又没有屏蔽软驱所致。屏蔽方法是开机按"Del"键进入 BIOS 选择"Stand COMS Setup",将"Drive A"和"Drive B"设为"None"即可。

(4) Hard disk install failure

● 信息解析:硬盘安装失败。

◎ 处理办法:这种情况可能是硬盘的电源线或数据线未接好或者是硬盘跳线设置不正确,设置跳线时,按硬盘盘体上印刷的说明把一个设为"Master 主盘",另一个设为"Slave 从盘"。

(5) Secondary slave hard fail

● 信息解析:检测从盘失败。

◎ 处理办法:可能是 CMOS 设置不当,比如说没有从盘但在 CMOS 里设为有从盘,那么就会出现错误,这时可以进入 CMOS 设置选择"IDE HDD AUTO DETECTION"进行硬盘自动侦测。也可能是硬盘的电源线、数据线未接好或者硬盘跳线设置不当,解决方法参照上一条。

(6) Hard disk(s) diagnosis fail

● 信息解析:执行硬盘诊断时发生错误。

◎ 处理办法:硬盘可能存在问题,可用替换法诊断。

(7) Keyboard error or no keyboard present

● 信息解析:键盘错误或者未接键盘。

◎ 处理办法:检查一下键盘与主板接口是否接好,或者更换键盘试试。

(8) Memory test fail

● 信息解析:内存检测失败。

◎ 处理办法:重新插拔一下内存条,也可能是混插的内存条互相不兼容而引起的,可采用替换法检测,换插测试。

(9) Disk Boot Failure

● 信息解析:系统程序出错或分区表损坏。

◎ 处理办法：先检查是否有病毒，然后重建硬盘分区表。

（10）Override enable-Defaults loaded

● 信息解析：主板 BIOS 中有参数设置不合理。

◎ 处理办法：启动计算机时按下 Del 键进入 CMOS，对有关选项进行正确的设置。也可以选择 LOAD BIOS DEFAULTAD 项（加载 BIOS 的默认参数）并按回车键，然后保存退出即可。

（11）Hareware Monitor found an error, enter POWER MANAGEMENT SETUP for details, Press F1 to continue, DEL to enter SETUP

● 信息解析：硬件监视功能发现错误，进入 POWER MANAGEMENT SETUP 查看详细资料，按 F1 键继续开机程序，按 DEL 键进入 CMOS 设置。

◎ 处理办法：有的主板具备硬件的监视功能，可以设定主板与 CPU 的温度监视、电压调整器的电压输出准位监视和对各个风扇转速的监视，当上述监视功能在开机时发觉有异常情况，那么便会出现上述这段话，这时可以进入 CMOS 设置选项"POWER MANAGEMENT SETUP"，在右面的"Fan Monitor"、"Thermal Monitor"和"Voltage Monitor"查看是哪部分发生了异常，然后再加以解决。

任务四　蓝屏故障的检测与维修

计算机因软件或硬件的问题出现蓝色屏幕和一连串字符的现象就叫做蓝屏故障。一般情况下，我们可以根据蓝屏出现的字符串查找出问题并解决问题。本任务将向读者详细介绍如何解读该信息并排除故障。

1. 常见蓝屏故障处理案例

案例　在更换主板的内存条后，出现如图 12-2 所示蓝屏现象。

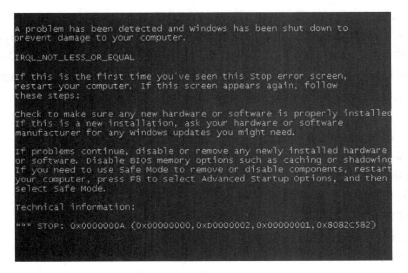

图 12-2　蓝屏

计算机组装与维修

操作步骤

步骤1 检查故障信息。

开启计算机，屏幕出现信息"＊＊＊STOP：0x0000000A（0x00000000，0xD0000002，0x00000001，0x8082C582）"。

● 信息解码：第一部分是停机码（Stop Code）也就是"＊＊＊STOP：0x0000000A"，用于识别已发生错误的类型。一般来说，发生蓝屏时，只要记下停机码就可以了。

第二部分是被括号括起来的四个数字集"（0x00000000，0xD0000002，0x00000001，0x8082C582）"，表示随机的由开发人员定义的参数（这个参数只有驱动程序编写者或者微软操作系统的开发人员才能理解，普通用户无法确认该参数的意义）。

注意：① 有些蓝屏现象还会出现第三部分错误代码信息，通常这部分是用来识别产生错误的驱动程序或者设备，这种信息多数很简洁，但停机码可以作为搜索项在微软知识库和其他技术资料中使用。

② 有时候蓝屏也会出现推荐用户进行的操作信息。而这些推荐信息有时推荐的操作仅仅是一般性的建议，比如到销售商网站查找BIOS的更新等；有时，也只显示一条与当前问题相关的提示。一般来说，常见的建议就是重启。

③ 有时候蓝屏也会出现操作动态提示，如：调试端口会告诉用户内存转储映像是否写到磁盘上了，使用内存转储映像可以确定发生问题的性质，还会告诉用户调试信息是否被传到另一台计算机上，以及使用了什么端口完成这次通讯。

步骤2 对故障信息进行处理的流程。

① 重启计算机。

有时候，出现蓝屏只是由于某个程序或者驱动程序一时"出错"，重启计算机后，有可能就会正常。

② 检查系统日志。

如果可以启动进入系统，请在"开始/运行"中输入"EventVwr.msc"，回车出现"事件查看器"，注意检查其中的"系统日志"和"应用程序日志"中标明"错误"的项。

③ 选择最后一次正确配置。

一般情况下，蓝屏都是在更新了硬件驱动或新添加硬件并安装驱动之后出现的，这时Windows操作系统提供的"最后一次正确配置"就是解决蓝屏的快捷方式。重启系统，在出现启动菜单时按下F8键就会出现高级启动选项菜单，接着选择"最后一次正确配置"即可。

④ 系统补丁的问题。

安装新的系统补丁和Service Pack后，有时会出现蓝屏，这些蓝屏是Windows本身存在的技术缺陷所造成的，因此可以通过再次更换更新的系统补丁和Service Pack来解决或卸载掉这些补丁和Service Pack。

⑤ 检查新驱动和新服务的问题。

如果刚安装完的某个硬件的新驱动，或者某个软件，在系统服务中添加了一些额外项目，如：杀毒软件、CPU降温软件和防火墙软件等，紧接着在重启或使用中出现了蓝屏故障，请切换到安全模式（按F8键进入）来卸载或禁用它们。

⑥ 检查病毒。

比如冲击波和振荡波等病毒有时会导致Windows蓝屏死机，因此查杀病毒必不可少。

同时一些木马间谍软件也会引发蓝屏，所以最好用相关杀毒工具进行扫描检查。

⑦ 检查新硬件的问题。

应该检查新硬件是否插牢，这个被许多人忽视的问题，往往就会引发许多莫名其妙的故障。如果确认已经插牢，将其拔下，然后换个插槽试试，并安装最新的驱动程序。同时还应对照微软网站"http://www. microsoft. com/whdc/hcl/default. mspx"的硬件兼容类别，检查一下硬件是否与操作系统兼容。如果你的硬件没有在列表中，那么就得到硬件厂商网站进行查询，或者拨打他们的咨询电话。

⑧ 检查 BIOS 和硬件兼容性。

新装的计算机如果经常出现蓝屏问题，应该检查并升级 BIOS 到最新版本，同时关闭其中的内存相关项，比如缓存和映射；另外，还应该对照微软的硬件兼容列表检查自己的硬件；如果主板 BIOS 无法支持大容量硬盘也会导致蓝屏，这时就需要对其进行升级。

⑨ 查询停机码。

把蓝屏中的停机码记下来，接着到其他计算机中上网，进入微软网站"http://support. microsoft. com/"，在左上角的"搜索（知识库）"中输入停机码，如果搜索结果没有适合信息，可以选择"英文（知识库）"再搜索一遍。一般情况下，会在这里找到有用的解决案例。另外，在百度、Google 和搜狗等搜索引擎中使用蓝屏的停机码或者后面的说明文字为关键词搜索，往往也会得到解决故障的办法和案例。

步骤 3　解决问题。

当采用百度搜索，发现"STOP：0x0000000A"是指由有问题的驱动程序、有缺陷或不兼容的硬件与软件造成的问题。从技术角度讲，表明在内核模式中存在以过高的进程内部请求级别（IRQL）访问其没有权限访问的内存地址。可以大致判断是内存的问题，由于是新买入的内存条，在插入插槽时，没事先清扫灰尘，造成接触干扰，拔出内存条并清扫后再插回，问题解决。

2. 其他蓝屏案例

（1）0x0000000A：IRQL_NOT_LESS_OR_EQUAL

● 信息解码：主要是由有问题的驱动程序、有缺陷或不兼容的硬件与软件发生"矛盾"造成的。从技术角度讲，表明在内核模式中存在以太高的进程内部请求级别（IRQL）访问其没有权限访问的内存地址。

◎ 处理办法：可用前面介绍的案例 1 中的信息处理流程逐一排除，若发现结果是内存条问题，更换内存条，问题解决。

（2）0x0000001A：MEMORY_MANAGEMENT

● 信息解码：这个是内存管理错误，往往是由硬件引起的，比如是新安装的硬件和内存本身有问题等。

◎ 处理办法：如果是在安装 Windows 操作系统时出现，有可能是由于你的计算机达不到安装该操作系统的最小内存和磁盘要求，可以通过整理磁盘（如：删除一些无用的文件）和加插内存条解决。

（3）0x0000001E：KMODE_EXCEPTION_NOT_HANDLED

● 信息解码：Windows 内核检查到一个非法或者未知的进程指令，这个停机码一般是由有问题的内存或是与前面 0x0000000A 相似的原因造成的。

◎ 处理办法：

① 若是硬件兼容性的问题，请对照微软网站"http://www.microsoft.com/whdc/hcl/default.mspx"的硬件兼容类别，检查一下硬件是否与操作系统兼容，如果你的硬件没有在列表中，那么就得到硬件厂商网站进行查询，或者拨打他们的咨询电话。

② 若是设备驱动、系统服务或内存冲突和中断冲突的问题，如果在蓝屏信息中出现了驱动程序的名字，请试着在安全模式（按 F8 键进入）或者故障恢复控制台中禁用或删除驱动程序，并禁用所有刚安装的驱动和软件。如果错误出现在系统启动过程中，请进入安全模式，将蓝屏信息中所标明的文件重命名或者删除。

③ 如果错误信息中明确指出 Win32K.sys 文件，很有可能是第三方远程控制软件造成的，需要从故障恢复控制台中将该软件的服务关闭。

④ 在安装 Windows 操作系统后第一次重启时出现蓝屏，最大嫌疑可能是系统分区的磁盘空间不足或 BIOS 兼容有问题。

⑤ 如果是在关闭某个软件时出现的，很有可能是软件本身存在着设计缺陷，请升级或卸载该软件。

（4）0x00000023：FAT_FILE_SYSTEM 0x00000024：NTFS_FILE_SYSTEM

● 信息解码：0x00000023 通常发生在读写 FAT16 或者 FAT32 文件系统的系统分区时出现，而 0x00000024 则是由于 NTFS.sys 文件出现错误（这个驱动文件的作用是允许系统读写使用 NTFS 文件系统的磁盘）。这两个蓝屏错误很有可能是磁盘本身存在物理损坏，或是中断要求封包（IRP）损坏而导致的。其他原因还包括——硬盘磁盘碎片过多；文件读写操作过于频繁，并且数据量非常大或者是由于一些磁盘镜像软件或杀毒软件引起的。

◎ 处理办法：

① 首先在"开始/运行"中输入"CMD"，打开命令行提示符，输入"Chkdsk/r"（注：不是 CHKDISK）命令检查并修复硬盘错误，如果报告存在坏道（Bad Track），请使用硬盘厂商提供的检查工具进行检查和修复。

② 接着禁用所有即时扫描文件的软件，如：杀毒软件、防火墙或备份工具等。

③ 右击"C:\winnt\system32\drivers\fastfat.sys"文件并选择"属性"命令，查看其版本是否与当前系统使用的 Windows 版本相符。（如果是 Windows XP 系统，该文件存放的位置为"C:\windows\system32\drivers\fastfat.sys"）

④ 安装最新的主板驱动程序，特别是 IDE 驱动。如果你的光驱、可移动存储器也提供有驱动程序，最好将它们升级至最新版。

（5）0x0000002：EATA_BUS_ERROR

● 信息解码：表示系统内存存储器奇偶校验产生错误，通常是因为有缺陷的内存（它包括物理内存、二级缓存或者显卡显存等）致使设备驱动程序访问不存在的内存地址等原因引起的。另外，硬盘被病毒或者其他问题所损坏，也可以出现该停机码。

◎ 处理办法：

① 检查病毒。

② 使用"chkdsk/r"命令检查所有磁盘分区。

③ 用 MemScan1.5、Memtest85 和 RAMTester 等内存测试软件检查内存。

④ 检查硬件是否正确安装,比如,是否牢固、金手指是否有污渍。

(6) 0x00000035:NO_MORE_IRP_STACK_LOCATIONS

● 信息解码:从字面上理解,应该是驱动程序或某些软件出现堆栈问题。其实这个故障的真正原因应该是驱动程序本身存在问题,或是内存有质量问题。

◎ 处理办法:请使用前面介绍的常规解决办法,对驱动程序进行更新或卸载或禁用,或者对内存条进行更换。

(7) 0x0000003F:NO_MORE_SYSTEM_PTES

● 信息解码:一个与系统内存管理相关的错误,比如,由于执行了大量的输入/输出操作,造成内存管理出现问题——有缺陷的驱动程序不正确地使用内存资源;也比如,某个应用程序或备份软件被分配了大量的内核内存等。

◎ 处理办法:卸载所有最新安装的软件(特别是那些增强磁盘性能的应用程序和杀毒软件)和驱动程序。

(8) 0x00000058:FTDISK_INTERNAL_ERROR

● 信息解码:说明容错集的主驱动发生错误。

◎ 处理办法:首先尝试重启计算机看是否能解决问题,如果不行,则尝试"最后一次正确配置"进行解决。

(9) 0x0000005E:CRITICAL_SERVICE_FAILED

● 信息解码:某个非常重要的系统服务启动识别错误造成的。

◎ 处理办法:如果是在安装了某个新硬件后出现的,可以先移除该硬件,并通过微软网站上列表"http://www.microsoft.com/whdc/hcl/default.mspx"检查它是否与 Windows 操作系统兼容,接着启动计算机,如果蓝屏还是出现,请使用"最后一次正确配置"来启动操作系统,如果这样还是失败,建议修复安装或是重装系统。

(10) 0x0000006F:SESSION3_INITIALIZATION－FAILED

● 信息解码:这个错误通常出现在操作系统启动时,一般是由有问题的驱动程序或损坏的系统文件引起的。

◎ 处理办法:建议使用操作系统安装光盘对系统进行修复安装。

① 如果系统出现故障,系统文件受损,使用系统盘修复,在"开始/运行"中输入"CMD",打开命令提示符,输入"SFC/SCANNOW"回车("SFC"和"/"之间有一个空格),插入原装系统安装盘(注意:是安装盘,不是 Ghost 版本)修复系统,系统会自动对比系统文件进行修复。

② 如果故障依旧,在 BIOS 中设置光驱为第一启动设备,插入系统安装盘后,按"R"键选择"修复安装"即可。

③ 修复系统后一般不用安装驱动。

(11) 0x0000007F:UNEXPECTED_KERNEL_MOED_TRAP

● 信息解码:一般是由于有问题的硬件(比如内存)或某些软件引起的。有时超频也会产生这个错误。

◎ 处理办法:用检测软件(比如 MemScan1.5)检查内存,如果进行了超频,则请取消超频。将 PCI 硬件插卡从主板插槽上拔下，更换插槽插入。另外，有些主板（比如 nForce2 主板）在进行超频后，南桥芯片过热也会导致蓝屏，此时为该芯片单独增加散热片往往可以解决问题。

（12）0x0000009C：MACHINE_CHECK_EXCEPTION

● 信息解码：通常是由硬件引起的。一般是因为超频或是硬件存在问题（内存、CPU、总线、电源）。

◎ 处理办法：如果进行了超频，请将 CPU 降回到原来频率，再检查下硬件，查看哪一个出了问题，逐一检查，发觉是电源问题，超频电压供应不足，更换电源后，问题解决。

（13）0x000000D1RIVER_IRQL_NOT_LESS_OR_EQUAL

● 信息解码：通常是由有问题的驱动程序引起的。比如罗技鼠标的 Logitech MouseWare 9.12 和 9.25 版驱动程序会引发这个故障。同时，有缺陷的内存、损坏的虚拟内存文件、某些软件（比如多媒体软件、杀毒软件、备份软件和 DVD 播放软件）等也会导致这个错误。

◎ 处理办法：建议逐一测试。

① 检查最新安装或升级的驱动程序（如果蓝屏中出现"acpi. sys"等类似文件名，可以非常肯定是驱动程序的问题）和软件。

② 测试内存是否存在问题。

③ 插入一张操作系统的安装光盘，并且在 BIOS 中设置为优先从 CD - ROM 启动，启动计算机以后，系统会自动进入操作系统安装界面选项，选择使用故障控制台修复操作系统安装，进入"故障恢复控制台"，转到虚拟内存页面文件"Pagefile. sys"所在分区，执行"del pagefile. sys"命令，将页面文件删除，然后在页面文件所在分区执行"chkdsk/r"命令，重新设置虚拟内存。

④ 如果在上网时遇到蓝屏，而你恰恰又在进行大量的数据下载和上传，那么应该是网卡驱动的问题，需要升级其驱动程序。

⑤ 经过逐一测试，是网卡的驱动程序问题，更新后问题解决。

（14）0x000000EA：THREAD_STUCK_IN_DEVICE_DRIVER

● 信息解码：通常是由显卡或显卡驱动程序引发的。

◎ 处理办法：先升级最新的显卡驱动程序，如果不行，则需要更换显卡，测试故障是否依然发生。

任务五　经常死机故障的检测与维修

计算机在使用过程中突然发生死机是件十分头痛的事，而且重启之后，往往还会重复出现死机现象，本任务将针对这种情况进行一个详细归纳和梳理。

1. BIOS 设置问题

BIOS 作为计算机最基本的配置信息，如果设置错误会造成计算机经常死机，工作不稳定，甚至不能启动。BIOS 设置问题和处理办法，如表 12-5 所示。

表 12-5　BIOS 设置问题

序号	故障问题	现象表现	处理办法
(1)	内存的读写刷新周期、频率设置错误	系统不稳定,导致死机频繁或黑屏	按 Del 键进入 BIOS 系统,找出内存有关的选项,将内存的周期、频率重新设置好
(2)	硬盘信息设置错误	硬盘突然停转,无法读出硬盘,引发死机	进入 BIOS 系统,找出与硬盘相关设置选项进行重新设置
(3)	CPU 的倍频、外频和电压设置过高	自动关机或重启	进入 BIOS 系统,找出与 CPU 有关的选项,将 CPU 的倍频、外频和电压的设置降低
(4)	CMOS 电池无电造成 BIOS 无法设置	BIOS 设置丢失,导致死机频繁	更换 CMOS 电池
(5)	电源管理设置错误	突然断电或导致硬盘停转	进入 BIOS 系统,找出"Power management"中的"HDD PowerDown"设置为"Disable"
(6)	BIOS 设置了病毒防护	BIOS 的病毒防护与专业杀毒软件之间的冲突,经常死机	进入 BIOS 系统,关闭 BIOS 病毒防护或是卸载该杀毒软件,重新安装其他杀毒软件
(7)	BIOS 设置的系统时间出错	更新新硬件、系统补丁时引发问题,使系统产生不稳定,导致死机	进入 BIOS 系统,在"Standard CMOS Features"中,找出时间项目进行修改
(8)	CPU 保护温度设置过低	由于散热不足,CPU 温度稍高一点,就会引发经常自动关机现象	进入 BIOS 系统中,找出"Shutdown Temperature"修改高一点的保护温度

2. 操作系统的问题

我们在计算机上的所有应用操作都与操作系统有关,因此,它的启动文件损坏或是系统资源被大量占用,都会直接或间接造成计算机经常死机的现象,如表 12-6 所示。

表 12-6　操作系统的问题

序号	故障问题	现象表现	处理办法
(1)	系统文件的误删除,如:System. ini、Win. ini、User. dat 和 System. dat 等	系统无法正常启动,一进入系统初始界面时就死机	修复系统文件,使用操作系统安装光盘对系统进行修复安装,或重装系统

序号	故障问题	现象表现	处理办法
(2)	启动程序加载太多	系统被大量占用使用,造成系统资源匮乏而死机	在"开始/运行"中输入"msconfig",在打开的"系统配置实用程序""启动"选项卡中禁用不需要的启动项目
(3)	系统虚拟内存文件设置问题	造成系统缓存或虚拟内存不够而死机	右击"我的电脑",依次选择"属性/高级/设置/性能选项/高级",修改虚拟内存的大小
(4)	更新的系统补丁的问题	系统不稳定,资源间发生冲突,出现蓝屏死机现象	重启时按F8键选择"最后一次正确配置"或进入安全模式,将有问题的补丁删除
(5)	系统文件后缀名为"dll"的动态文件缺失或两个软件程序共用同一个动态文件	动态文件找不到,无法启用软件,从而引发死机,或是两个软件共用动态文件引发冲突死机	在另一台计算机上找出缺失的动态文件,拷贝回来放入动态文件应在的位置,如果是共享同一个动态文件引发冲突,只好卸载其中一个程序软件了
(6)	系统垃圾文件太多	系统变慢,经常弹出磁盘空间不够的提示,运行程序过多,经常引发死机	使用超级兔子、360安全卫士和Windows优化大师等软件,对垃圾文件进行清理
(7)	系统的注册表被破坏	系统程序无法加载,引发死机现象	运用系统注册表修复工具,如:瑞星注册表修复工具、360急救箱和超级兔子等,否则还原系统或重装系统
(8)	操作系统中毒,如:冲击波	系统经常死机,甚至启动不了	使用专用杀毒软件杀毒,或是重装系统,若还是不能解决,重新格式化分区,再重装系统

3. 驱动程序的问题

驱动程序相当于系统和硬件之间的通信桥梁,若驱动程序出现问题,硬件设备就不能正常运行,严重时可导致计算机死机。驱动程序的问题和处理办法,如表12-7所示。

表12-7 驱动程序的问题

序号	故障问题	现象表现	处理办法
(1)	主板驱动程序问题	与操作系统产生冲突,一进入系统后就死机	重新安装另一个版本的操作系统,或按"F8"键进入安全模式,更新主板的驱动程序

序号	故障问题	现象表现	处理办法
(2)	显卡的驱动程序问题	系统不稳定,突然死机,或是屏幕显示画面变形,系统运行变慢,最终死机	显卡的驱动程序存在技术缺陷或是不兼容,应当更新显卡驱动程序,或重装另一个版本系统
(3)	网卡的驱动程序问题	上网不稳定,突然死机,或系统不稳定,产生资源冲突,从而死机	更新网卡的驱动程序或更换网卡
(4)	USB 接口的驱动程序问题	当插入 USB 外接设备时,无法接入,同时也会产生资源性冲突,引发系统不稳定,经常死机	上网更新 USB 驱动程序或者禁用 USB 接口
(5)	打印机(或扫描仪、摄像头、声卡等硬件)的驱动程序问题	系统不稳定,产生资源冲突,从而死机	上网更新该硬件的驱动程序

4. 应用软件或程序的问题

应用软件和程序是由各种程序设计语言编制的,在操作系统上运行的软件。若是应用软件和程序出现问题,会导致系统不能正常运转,严重时会导致死机。该问题的处理办法,如表 12-8 所示。

表 12-8　应用软件或程序的问题

序号	故障问题	现象表现	处理办法
(1)	杀毒软件问题	与系统有冲突,或与其他软件冲突(比如 QQ 管家等),误报病毒,造成系统经常性死机等	卸载该杀毒软件,更换另一款杀毒软件
(2)	防火墙软件的安装和设置不正确	误将一些后台程序作为病毒禁用或是禁用了某些驱动文件和系统等,造成系统不稳定而经常死机	修改防火墙的安全设置,并进入防火墙的禁用列表中设置允许相应启动文件,情况严重时,需卸载该防火墙重新安装另一个
(3)	软件升级更新不当	在升级过程中都会对其中共享的一些组件也进行升级,但是其他程序可能不支持升级后的组件从而导致各种问题而引发死机	按"F8"键进入安全模式,卸载该软件,或更换回原先的版本

序号	故障问题	现象表现	处理办法
(4)	应用软件缺乏相关的支持软件	每次开启该应用软件都无法正常使用该软件，进而引发死机	搜索该软件的支持软件，并下载安装，或是卸载该应用软件，更换其他同类软件
(5)	软件安装时发生错误	每次开启都会引发错误，导致死机	运用专业卸载软件将它卸载，并彻底清理，再重新下载安装或使用旧有的版本
(6)	下载的新游戏存在技术缺陷	安装新游戏后引发系统不稳定或死机	到游戏的官网查找解决办法，或按"F8"键进入安全模式，对游戏进行卸载
(7)	安装了有问题的插件程序，如：安全控件或功能插件	安装了插件后，引发系统不稳定，经常弹出错误，最后引发经常性死机	到插件程序的官网查找解决办法，或按"F8"键进入安全模式，对插件进行卸载或用专业软件卸载
(8)	浏览器经常崩溃	在浏览网页过程中，突然崩溃，引发系统资源占用过多而死机	卸载该浏览器，更换另一个浏览器，或升级该浏览器
(9)	下载了未知软件或程序	导致系统资源大量被占用，或引发 BUG 错误，从而造成系统死机	先用杀毒软件查杀，如果发现病毒，立即清理，如果是 BUG 问题，就更新系统补丁，并按"F8"键进入安全模式中，对未知程序或软件进行删除

5. 硬件的问题

硬件问题是计算机故障中最常见的问题，而它往往就是引发死机的主因，如表 12-9 所示。

表 12-9　硬件的问题

序号	故障问题	现象表现	处理办法
(1)	电源老化问题	电源发出异味，电源和电流不稳定，经常死机	更换电源
(2)	硬盘有物理坏区	系统文件经常丢失，系统不稳定，经常死机	请硬盘厂商提供专业磁道修复工具，修复坏磁道，严重时更换硬盘

序号	故障问题	现象表现	处理办法
(3)	CPU 插针损坏或接触不良	系统不稳定,经常死机	查看 CPU 插针,重新插入,严重时更换 CPU
(4)	内存条有问题或插脚损坏或接触不良	经常弹出内存地址错误提示,系统变慢甚至经常死机	查看内存金手指,擦去氧化部分,再重新插入,如果问题仍存在,则更换内存条
(5)	CMOS 芯片有问题	BIOS 设置丢失、POST 检测出错,系统不稳定,经常死机	送专业维修处修理,更换 CMOS 芯片
(6)	BIOS 芯片有问题	POST 检测出错,弹出错误信息,经常死机	刷新或升级 BIOS,或更换 BIOS
(7)	显卡有问题或插脚损坏或接触不良	系统不稳定,经常蓝屏或黑屏死机	送专业维修处修理显卡或更换新的显卡
(8)	扩展槽损坏或接触不良	造成经常短路死机	送专业维修处修理,更换扩展槽
(9)	主板的 I/O 接口短路或损坏	造成经常短路死机	送专业维修处修理,更换 I/O 接口
(10)	主板接线问题,如前置的 USB 接线出错或电源线、冷启线接错或温控线脱落	造成经常短路死机或自动关机或自动重启	清扫灰尘,查看主板接线的问题,如接错或误接,尽快修正;如果温控线脱落,接回去就可以
(11)	主板电路问题,如:电容和电路老化或灰尘引发的静电问题	电压、电流不稳定,自动关机或自动重启	清扫主板的灰尘,如果是电容老化问题,只好送专业维修处修理或更换主板
(12)	数据线问题,如:SATA 线接触不良或接口有问题	系统文件经常丢失、系统不稳定;有时候开机检测不到硬盘,弹出出错信息;有时候经常死机或蓝屏	检查数据线是否接触不良或是插不牢固,试插多次或改插其他接口,情况严重的更换数据线
(13)	风扇的问题,即散热方面的问题	风扇转速过慢,造成散热不良,或散热设计不好,造成发热、硬件温度过高从而引发经常死机	更换 CPU 风扇,添加散热片,改善散热途径,如:加一些硅胶等

> **提醒:** 引起计算机死机的故障千变万化,读者可以借鉴参考上述内容,掌握一些检测的常用方法,方便以后碰到新问题能从中找到下手处,发现解决问题的办法。

课后巩固与强化训练

任务一:按照项目所展示的案例,对 BIOS 设置进行修改,查看故障情况,最后将 BIOS 还原设置。

任务二:试拔松内存条,制造接触不良的故障,然后观察故障现象,按照项目的内容,进行检修。